U0527281

摆脱低自尊的 40 个练习

找回爱与尊重的心灵课

苏绚慧 —— 著

台海出版社

北京市版权局著作合同登记号：图字01-2022-5330

版权所有©苏绚慧
本书版权经由三采文化股份有限公司授权
北京阳光博客文化艺术有限公司简体中文版权
委任Andrew Nurnberg Associates International Limited代理授权
非经书面同意，不得以任何形式任意重制、转载。

图书在版编目（CIP）数据

摆脱低自尊的40个练习 / 苏绚慧著. -- 北京 ：台海出版社，2023.9
　ISBN 978-7-5168-3379-7

Ⅰ．①摆… Ⅱ．①苏… Ⅲ．①自尊—通俗读物 Ⅳ．①B842.6-49

中国版本图书馆CIP数据核字(2022)第156456号

摆脱低自尊的40个练习

著　　者：苏绚慧	
出 版 人：蔡　旭	装帧设计：左左工作室
责任编辑：吕　莺　李　媚	

出版发行：台海出版社
地　　址：北京市东城区景山东街20号　　邮政编码：100009
电　　话：010-64041652（发行，邮购）
传　　真：010-84045799（总编室）
网　　址：www.taimeng.org.cn/thcbs/default.htm
E－mail：thcbs@126.com

经　　销：全国各地新华书店
印　　刷：天津创先河普业印刷有限公司
本书如有破损、缺页、装订错误，请与本社联系调换

开　　本：710毫米×1000毫米	1/16	
字　　数：160千字	印　　张：13.25	
版　　次：2023年9月第1版	印　　次：2023年9月第1次印刷	
书　　号：ISBN 978-7-5168-3379-7		

定　　价：68.00元

版权所有　　翻印必究

自我检测

我有低自尊人格吗?

我想先邀请你做一个测验。

这是一个关于"自尊"的测验。"自尊"指的是:对自己的喜爱及尊重程度、自我的价值感,自我接纳、自我满意度等。

现在,让我们通过一些问题,了解自己目前的自尊状态:你觉得自己够不够好?喜欢自己的程度有多少?

请你放松内心,依靠直觉来选择答案。这些问题需要你通过积极的想象来融入情境。当你准备好了,请开始作答,并记录下每一题的答案。

测验开始

1. 如果你到一个地方度假，将会住上一晚，你会选择什么样的建筑物？

    A. 城堡

    B. 民宅

    C. 花园别墅

2. 屋里有一面镜子，你走近镜子，希望镜中的自己是怎么样？

    A. 渴望看到的英俊或漂亮的容貌和身材

    B. 憔悴的倦容

    C. 平常的样子，没有什么特别的

3. 屋子中间有张桌子，桌上放了一件物品，你觉得是什么？

    A. 宴会的请柬

    B. 屋子的主人需要你注意的事项

    C. 一本小说

4. 屋里有一只动物，你觉得那是什么动物？

    A. 一只老虎

    B. 一只小狗

    C. 一只猫

5. 门外突然响起了敲门声，你觉得是谁来了？

    A. 送礼品的快递员

    B. 一个来向你求助的人

    C. 爱人

6. 当你望向窗外，见到了什么样的景象？

    A. 艳阳高照

    B. 绵绵细雨

    C. 雨后彩虹

7. 你想坐着休息，你希望坐的那把椅子是 _____ ？

    A. 一把豪华的椅子

    B. 一把舒适的躺椅

    C. 一把量身定做的功能椅

8. 屋里养了一只鹦鹉，你觉得它会对你说什么话？

    A. 你好棒

    B. 你好吗

    C. 嗨！我是小鹉

9. 如果屋里漏水了，你会如何反应？

  A. 竟然让我住在这样的破房间里

  B. 我真倒霉，竟会遇到这种事

  C. 这屋子的主人在哪里，他是否发现了漏水

10. 你将在屋里享用一顿晚餐，你觉得会吃到什么？

  A. 丰富且高级的特殊料理

  B. 当地的家常菜

  C. 简单的轻食

  太棒了！你完成了测验，现在请翻到下一页，那里有清楚的计分方法，以及你想知道的结果与解答。

检 测 结 果

当你作答时，如果选择的答案是 A，请计 1 分；如果是 B，请计 0 分；如果是 C，请计 2 分。总共有 10 道题，算出总分后对照表格，找到对应的自尊型态与低自尊指数。

总分	低自尊指数	自尊型态	解析
17~20 分	★	稳定的高自尊	你喜欢且满意现在的自己。
12~16 分	★★	发展中的高自尊	你总能调整自己，克服挫折。
7~11 分	★★★	不稳定的高自尊	你对自己不是很满意，亟需他人的肯定。
2~6 分	★★★★	不稳定的低自尊	你觉得自己不够好，想要人生重新来过。
0~1 分	★★★★★	稳定的低自尊	你对自己的存在和生活漠不关心。

高自尊 ↑ ↓ 低自尊

17~20 分 **稳定的高自尊**

低自尊指数 ★ | 你喜欢且满意现在的自己

你对自己有稳定的观感，不太会受到他人的影响。你喜欢现在的自己，乐于接受自己的真实感受和想法，不会为了迎合他人刻意去讨好。

你相信生命存在即有价值，因此不会以头衔和地位为标准去评价别人及自己。当你开心时，你会享受这份开心；当你难过或沮丧时，你也不会过度打击自己。

你喜欢的关系是彼此间相互尊重，既能亲近又能自在。你喜欢和别人分享交流，能够以开放的心胸去聆听他人的观点及意见，但不会因此改变自己原本的立场或观点，你会试着与对方讨论及沟通，彼此交换意见。

遇到挫败时，你会感到难过或失落，但这种情况不会持续太久。在你经过足够的思考后，总能知道自己下一步要从哪里出发，所以在生活中，你很少会受到困扰。现在的你相当幸福，对自己的喜爱很坚定，也很满意生活现况。

12~16 分 **发展中的高自尊**

低自尊指数 ★★ ｜ 你总能调整自己，克服挫折

  大部分时候，你喜欢现在的自己，不论面对生活、工作，还是人际关系，你都能投入其中，并维持良好的互动关系。

  不过，你偶尔会因为一些事情不如预期，或是当关系遇到瓶颈时，怀疑自己。但是这样的情况不会持续太久，你总能找到调整自己的方式，克服挫折。

  在做自己不擅长的事情时，你能诚恳地向他人求助，并相信他人会帮助你，这是你的优势——愿意向他人讨教，并虚心学习。

  你不会迷失在他人的掌声中，或追求人们所认定的价值标准。你知道自己适合做什么、擅长做什么，并能找到自己得心应手的领域，只是你对自己的认识和了解，还需要再多一点肯定，多一点自我认同。整体而言，你对自己的喜爱和接纳度，可以支持你持续成长。

7~11 分 **不稳定的高自尊**

低自尊指数 ★★★ ｜ 你对自己不是很满意，亟需他人的肯定

　　你有否认"自己不够好"的感觉，想通过一些成功及目标的达成，来证明自己的能力和价值。但即使你已经有了一些成就，也会害怕被人比下去，或是心里不够踏实。

　　你不喜欢"自己没能力"的自我观感，害怕自己不如别人优秀，你总想着如何制胜，如何获得肯定，达成更多的目标。

　　你的自尊，是通过自己拥有的外在条件，以及外界看待自己的眼光建构而成的，因此很不稳定。

　　在相信自己的时候，你觉得整个世界充满希望和无限可能，但只要你没有得到期待的成果，就会掉入情绪深渊，感到挫败。然而，你不想接受这种"自己不够好"的感觉，并会掩饰自己的不足之处，因此难免会为了维护某些形象，过得很辛苦。

2~6 分 **不稳定的低自尊**

低自尊指数★★★★ | 你觉得自己不够好，想要人生重新来过

　　你目前的自尊，属于非常低落的状态。当你看自己时，总能看出许多缺点和不好的地方。

　　你很害怕不被人喜欢及令人失望的感觉，那会让你觉得自己很没有价值。生活中，你最常出现的反应，就是怀疑自己，或是羡慕别人拥有许多才华和能力。

　　如果事情进展不顺利时，你会觉得自己很差劲，对自己感到厌恶，认为自己没有能力和本事，无法得到他人的重视及肯定。

　　由于你目前的自尊处于低落状态，因此，你很容易接受别人的评价，进而批判和否定自己。所以，你需要增进自我肯定的能力，并相信自己的价值。

　　当你不知道怎么处理自己的负面情绪时，就会心生犹豫和无力感，不知道该怎么进行下一步，因此常会面临被困住的情况。

　　你可以试着接纳自己的状态，多用温和的鼓励去安抚和调整自己的内心。对自己宽容和仁慈，才能修复破损的自尊心。

0~1 分 **稳定的低自尊**

低自尊指数★★★★★ | 你对自己的存在和生活漠不关心

　　你很少关心自己的感觉，对自己的存在漠不关心，也不会有任何想要改变自己的念头。

　　对你来说，生活就是一场必须要经历的岁月，任何生活情境，无论成功、舒适、快活、享受，你从来都不关注，也不在意。

　　如果遇到比较困难或辛苦的情况，你也不会多加留意自己的感受。因为对你而言，该发生的就会发生，没有什么好在意的。你对自我没有感觉，也无所谓喜不喜欢，你的自我可能是空洞的，或是你还没有开始觉察自我。

目 录

自序 001

Chapter 1

低自尊者的工作困境

事情没做好，等于我不好？

01 工作不顺，一切都是自己造成的	008
02 因为害怕失败，而逃避新事物	013
03 需要外在掌声来肯定自己	017
04 面对位高权重者，敢怒不敢言	021
05 自夸，其实是一种自我补偿	025
06 对外貌的追求，源于对自我的否定	029
07 依靠金钱和地位提升自尊	033
08 人生好累，对工作和生活感到无力	037
09 为了维持形象而耗尽心力	041
10 把小事情看成大事情，寸步难行	046

Chapter 2

低自尊者的情感困境

爱与不爱，都会害怕受伤害

11	对关系过度焦虑，形成恶性循环	052
12	把他人的回应当作对自己的负面评价	056
13	过度承担，时常背负罪恶感	061
14	即使在群体中，仍会感到孤立	065
15	经常处于怕做不好或说错话的压力中	069
16	因无助感，不再对爱抱有希望	074
17	把别人的拒绝，视为轻视和否定	079
18	害怕失去所爱，忍不住比较和嫉妒	083
19	别人总是很幸运，我根本没那种命	087
20	希冀的完美感情，最终都成了遗憾	091

Chapter 3

低自尊的成因

不幸是我们主动选择的吗？

21	真正的自己，从未被接纳过	098
22	即使当时不能理解，伤害却已发生了	102
23	曾是别人情感操纵的对象	106
24	惯于接受负面评价的人	110
25	因为害怕失败而自我设限	114

26 被僵化的信念绑架 117

27 害怕自己输给别人 121

28 太看重对方，又太看轻自己 125

29 认定自己是弱者，不愿面对冲突 129

30 曾在幼年时过度检讨自己 134

Chapter 4 超越低自尊
活出不被外界影响的人生

31 从求好心切的陷阱里解脱 143

32 为自己多想想，不违背自己的真实意愿 147

33 守护内在的情绪空间 152

34 试着与这个世界好好相处 159

35 安抚及改写负面信念 164

36 抛弃负面标签，学会认同自己 169

37 辨识对自己真正有用的信息 173

38 勇敢地肯定自己 177

39 以爱为本，与自己和谐相处 182

40 让成功发挥好效能，让失败不损伤自己 187

结语 193

自 序

你是否常觉得自己不够好？

　　你是否时常觉得自己不够好？害怕自己的不够好会被他人厌弃？你是否有种抑制不住的自卑感，觉得不论怎么做，自己都比别人差，看不见自己身上有任何值得被自己和他人喜欢的优点？

　　你是否时常在环境中搜寻别人认同的眼神或赞同的语句，如果搜寻不到，你就无法肯定自己的想法？甚至，你是否时常有一种以自己为耻的感觉？

　　你是否有害怕内心空虚的感觉？是否害怕被别人觉得自己没有本事、没有价值，因而不受重视、不被喜欢，这些会让你觉得自己好丢脸，好希望自己能在人们面前消失？

　　所以，你总是拼命想表现自己，以此证明自己是够好的，是值得存在及被肯定的。然而，不论你如何努力，总是陷入一种"强迫式的循环"：觉得自己不够好，于是强迫自己更努力，努力后还是觉得自己不够好，因此情绪更低落沮丧，更加觉得自己不够好……

或者出现另一种极端的表现，不停地炫耀自己的"成绩"或是物质条件，以掩藏内心的空虚感及慌张？

如果你出现以上这些情况，并开始意识到这已成为你生活中的困扰，让你每天心神不宁，不仅时不时出现疲惫厌烦、低落沮丧的情绪，更让你无法感受到与群体相处时的联结及融合感，那么，你可能正面临——"低自尊障碍"。

处于低自尊障碍的人，内心往往是渴求高自尊的，渴望被爱与被尊重，但他们的行为反应和情绪表现却因为低自尊障碍变得十分不稳定，也就难以发展出稳定的高自尊。本书除了带你认识"低自尊障碍"是如何影响个体的存在，还会从低自尊的行为反应特征，探讨个体在职场和情感上的困境。最重要的是，本书希望以系统化的方式让你学会辨识自己生活中的困难和障碍是否来自低自尊的影响。

自尊，并非固定不变的，它会受到日常的成就感、能力感、自爱感及价值感的影响而发生变化，起伏不定。但是如果我们无论遇到顺境或逆境，都能维持稳定的自我观感，相信自己是值得爱及尊重的人，那么，我们的内心还是可以维持一种安然自在的状态。

一个人拥有安稳的自尊，即使遇到挫败，内心所受到的冲撞力和破坏性，也会较低自尊时减缓很多。

自尊，是可以建立的，也是可以修复的。哪怕是一个完全不喜爱自己、不懂得尊重自己的人，也是可以逐步建立自尊、维护自尊及修复自尊，像储蓄一样，让自己的自尊日益丰盈富足。慢慢地，就不再觉得自己像渴求爱与尊重的乞丐，也不需要打肿脸充胖子，假装自己过得很好。

我们的社会时常把"高自尊"曲解为贬义的"自我感觉良好""自大""自负""好强"等，然而，高自尊并非如此，而是给予自己恰到好处的喜爱和尊重。

但若是高自尊却不稳定的话，即内心时常起伏，你就无法处于一个安稳且富有正能量（正向情感资源）的状态中，那么，在遇到挫折、打击、不如意及失落的时候，内心仍会瞬间崩塌，受损严重。

因此，维护稳定的高自尊，对我们的生活、人际关系以及自我表现都至关重要。

现在，让我们准备开始学习如何维护原本脆弱的自尊。这样不论外界环境如何变化，都不会让你击溃自我、瓦解自我、否定自我的价值，而是给你机会，使你学会肯定自我、建立自我价值，相信自己是值得被爱及被尊重的人。

※ 本书所有故事中的人名皆为化名，情节也经过改编，不指向任何人的隐私及亲身经历。

Chapter 1

低自尊者的工作困境

事情没做好，等于我不好？

身处职场中，

当我们犯了错，

浮现在脑海里的声音，

往往不是"我做得不够好"，

而是"我不好"。

Introduction
引言

生活中常发生一种情况，当一个人陈述事实或表达意见时，另一个人内心却会浮现不悦的感受，认为自己被对方否定和批评了，为什么会这样呢？

比如，在职场上，当你提出一个企划案时，如果主管或客户提出问题或建议，你不仅不觉得"提案"有需要检讨或调整的地方，反而感觉无地自容，或是一种被否定的感觉油然而生，或是一种被拒绝的不舒服感。

这一切的发生，都与我们内心的"翻译系统"有关。在我们心里，有一个翻译（解读）系统，会将外界的信息，翻译成"友善"或是"敌意"。

如果是"友善"，我们内心会感到安稳、平静、温暖及自在；如果是"敌意"，我们便开始焦虑、慌张，内心的不安全感悄悄升起，随时要准备开战或逃跑。

这个翻译系统的主机，正是心理学所说的"自尊"。人内在的自尊，不仅会翻译外界信息，还会自动下注解：是因为自己很好，或是因为自己不够好，才会遭遇这样的情况。

"自尊"的精简定义是：一个人觉得自己值得被爱与尊重。一个自尊稳定的人会表现出"有自信""满意自己""认同自己""接受自己""喜爱自己""认识及了解自己""肯定自己""以自己为荣""相信自己""对自己有把握""可以感觉到自己存在的价值"的状态。

然而，影响一个人自尊的因素多重而复杂，不论是家庭的教育方式、个人的成长经历，还是自身的人格特质及内在反应模式，乃至社会能否建立有意义的社会参与及个体贡献机制等，都会影响到个人自尊的状态。

自尊，也会影响人对自己的观点、感受和评价，特别是关于自己这个主体存在的状态，包括能否清楚表达"我是谁""我的优点和缺点""我的特质和价值"，以及一些潜藏在内心的潜意识，即与自我存在感有关的、一时说不清的感受和信念。例如：我们有时会无缘无故对自己感到厌恶、羞耻，觉得自己很没用，但却说不出原因。

在第一章中，我将从职场领域入手，说明自尊偏低的人最容易外显的行为反应，帮助读者有所觉察，以及辨识自己目前的工作困境是否出于"低自尊"。

01 工作不顺，一切都是自己造成的

为了避免得不到肯定的失落感，有些人会下意识地进行负面思考，给自己负面评价。

自尊偏低的人，或低自尊却想有高自尊需求的人，其自尊都处于不稳定的状态。

换句话说，低自尊的人：怕失败、怕输、怕自己不好。而低自尊却想有高自尊需求的人：要赢、要争、要独占鳌头。虽然这不足以解释低自尊者的一切行为，却能从此分析出许多行为背后的动机和反应模式；不论是在职场中，还是在情感关系中。

低自尊的人，因内心深信自己不够好，常会怀疑自己一无是处，没有什么能力和优势，心里还会无意识地批评自己，不时有种以自己为耻的感受，因此，在职场上会显得较为消极被动，害怕承担责任，也抗拒被交付重大责任。

如果出现了工作压力，或被指派了新任务，低自尊者会感到一种强烈的不安及焦虑，并出现想逃跑的反应；不然，就是感到自己被困住了，内心希望这些压力能瞬间消失或被挪开，好让他们不须面对挑战或困难。

低自尊者渴望有一个强而有力的人，能帮助自己解决在职场中不

想面对的情况，或提供清楚的指示及引导，让自己避免犯错。因此，低自尊者常会反复询问别人小细节，一再确认正确行事的步骤及规则。

低自尊者看起来好像很细心，很谨慎，但内心害怕负责，也害怕被责备，因此希望能尽量照着别人说的做。

有时，他们会给主管或同事传递一些信息，像是"能不能不要叫我想，不要叫我负责，我只想听命行事""这件事我不擅长，可以交给别人做吗"；有时，一旦行事过程中发现小失误，他们就立刻出现夸张的自责反应，像是"这都是我不好，是我的错，才会牵连大家"。

甚至在还没正式进入主题或核心环节时，这些人就无意识地自曝其短，好像在告诉职场中的其他人——"这我做不到，不要相信我，不要指派给我"。

就像美琪曾经在工作上遇到的情况。

我真的不适合这份工作？

美琪是一家企业的新进职员，从进公司第一天开始，她整个人都处在一种对环境的畏惧及无助当中。

沉默寡言的她，不善于和别人交谈，因此，大部分的时间她都坐在自己的位置上，不敢轻举妄动，生怕惹出祸端或做错事。

她记得从小到大，妈妈都会告诫她，做人要低调，平时少说话、少表达意见，以免得罪了人都不知道，平白无故遭人白眼。

　　在母亲话语的影响下，美琪觉得外面的世界很可怕，而自己这么笨手笨脚，又不善言辞，还是乖乖做事好了。

　　但问题来了，越想乖乖做事，越发现每个人交代她事情的时候，说的都不一样：不仅规则不一样，连程序步骤都有差异。

　　她不知道要听谁的，但又害怕万一问了别人，会被取笑，岂不很丢脸？

　　不敢向别人讨教的美琪，看着被交办的工作不断涌向自己，内心焦急得要命，心越急动作越慢，动作越慢就越被催，甚至听到前辈问："怎么回事？这么简单的事，为什么拖那么久？"

　　于是，美琪承受的压力越来越大，心里不断环绕着"我不适合这份工作"的念头。

　　入职不到两个月，美琪心中充满了挫败感。她觉得这份工作让自己心力交瘁，不仅别人觉得她做不来，她自己也怀疑自己："我是不是太差，还是太笨？我好像怎么做都不对，不然，为什么大家会不停指责我？"

　　自尊偏低、却想拥有高自尊需求的人，很想通过外人的评价来肯定自己，像是被他人称赞"有能力""有才华"，或是从别人喜欢自己的程度，来证明自己是有价值的。

　　但因为自尊偏低，所以他们太过在乎自己能否被肯定，更害怕得不到认可的失落感，让自己情绪低落及沮丧，所以他们会下意识地进行负面思考，不断给予自己负面评价和否定的语句，让自己假装习惯得不到好的肯定和赞赏，以为这样自己就不会太难过。

结果，他们心里经常浮现的，都是对自己的负面评价："对不起，是我太笨了""我好差劲""我能力不足""我什么都做不好"……而这些负面评价，不仅成为他们习惯性的自我陈述，甚至一不小心就会脱口而出，在那些需要面对及承担任务的时刻，他们会直接以这种负面的信息回应自己。

 ## 将目光放在擅长的地方

请将你的目光放在自己的擅长之处，肯定自己也有很棒的能力及特长。

你要试着学习建立自信，并从成功的经验中，逐步累积自我应对及解决问题的自信心。平时多练习，先肯定后检讨。

 ## 你永远有能力去创造新的可能

你只是被过去的负面经历困住了，可是，你不等同于那些负面经

历。请给自己一些机会，以新的眼光来认识自己，不再在恐惧挫败的情绪中挣扎痛苦。

> **Shift Thinking**
>
> 练习先肯定后检讨，以新的眼光来认识自己。

02 因为害怕失败，而逃避新事物

**因为害怕有不安全感，人会拒绝经历变动，
不愿主动尝试新事物，会失去不少晋升的机会。**

自尊偏低的人，对新事物大都采取被动的态度。原因很简单：不自信。当一项新任务来临时，他们只有"我会失败""我会完蛋"的想法，而不去尝试。

由于不自信，低自尊者会预想还未发生的情况，并不自觉地将其放大到可怕的程度。他们会戏剧性地想象结果，把结果灾难化，像是——"这个项目会因为交给我做，而被搞砸""如果接手这个烂摊子，到时候会吃力不讨好，我可能会因此丢掉工作，无法在业界混下去"。

如果让低自尊者负责开创性的新事务，在没有可参考资料的情况下，他们会感到非常烦恼，难以想象自己要怎样做才能完成任务。越是需要摸索并建立新模式的工作，他们越不想去承担。

于是，他们倾向于选择挑战性少的工作，甚至会因此放弃升职的机会。

未知，让人焦虑恐慌

愉慧，在目前的岗位工作三年了。最近因为业务板块的调整而对人员重新编组，领导安排她和其他部门的人组成了 3 人小组。这个小组主要是负责拓展业务范围，并以新的营销方式和客户接触。

愉慧对于这样的安排很生气，因为公司没有事先征求自己的意见。以前同组的同事，还是负责过去的业务范围，而自己却被调任到新的组里，需要处理新的业务，小组主管也换了。

愉慧不禁怀疑，公司是想用这样的方式逼她离职吗？为什么别人不用面对这么大的改变，自己却要面对全新的任务和团队？

当她想到全公司还没有人做过这个新业务，也没有人知道具体该怎么做时，她觉得自己大祸临头，将来一定做不出成绩。

于是，从公司宣布重新编组开始，愉慧就忧心忡忡，在公司看到过去的同事、主管时，还会有一种被抛弃的感觉。

在一个月的工作交接期间，她常常想要辞职。其实，愉慧也说不上来，为什么工作变动对她的影响这么大？

有一些同事告诉愉慧要相信自己的能力，但愉慧认为这些人在说风凉话，他们哪里知道自己压力有多大。

虽然愉慧知道这是一个锻炼能力的机会，自己能学到很多知识，但还是会感到焦虑、烦心。每天醒来后，愉慧都在"想离职"和"撑下去"之间挣扎。

自尊偏低的人，往往会怀疑自己的能力，无法相信自己可以处理新问题和应对变化。这类人习惯提前规划好任务，通过掌控细节来摆脱对不确定事物的恐慌。

还有，在完全未知的情况下，他们常会被恐惧淹没，而无法客观地面对问题并思考相应的解决策略。

 ## 经验会让人们成长

请你不要总是把事情往坏处想，试着告诉自己：只有做了才能获得成长经验。如果你执着于成功，反而会陷入"必须完美"的旋涡，越发不安和恐慌。经历会让我们成长，勇敢、主动地踏出第一步，为自己争取一些新的任务及职务，在边学边做的过程中，不断累积成长经验。

 ## 没有人天生擅长每件事

你的不安来自你对自己没有信心，这个感觉虽然看似真实，却不是事实。

因为所有事都需要学习及领会，没有人天生就擅长每一件事。用

完美的标准要求自己，往往会落入害怕自己不完美的死胡同。而承认了自己的不完美，脚踏实地地练习和学习，会让自己轻松很多，并且获得成长。

> **Shift Thinking**
>
> 所有事都需要学习及领会，没有人天生就擅长每一件事。

03 需要外在掌声来肯定自己

当我们能陪伴自己完成目标时，
就会懂得完成本身就是对自己最好的奖赏，
无须依赖他人的鼓励和赞同。

  自尊偏低的人，因为无法自己肯定自己，所以非常需要别人的赞美与认同。这种内在的无价值感，时常让低自尊者无法接受不同的建议或意见。

  因为，在他们的词典里，不同的建议或意见，等于是对自己的批评、否定，并会被转译成"是自己不够好"。

  我们不可能总是活在被赞同、被肯定、被赞许的环境里，他人向我们提出建议或者对我们有意见，都是再正常不过的事。但是对于低自尊者来说，他人的建议或意见，都像是在对他表示"你怎么没想到""你看，被挑出问题和毛病了吧"。于是，这些人几近强迫地只想得到赞美和认同。

  有一个鼓励者和认同者在旁引导，这是一个孩子在建立自信过程的阶段性需要。但如果一个成年人仍迷恋赞美和认同，这就意味着他的自尊体系不够独立。

  同时，他可能会在这一过程中，对被赞美、被认可产生了扭曲的需求：认为只有得到别人的赞美和掌声，才能证明自己足够优秀。

只是被询问，就感到被质疑

在工作中，加惠总是不由自主地希望有人关注她的努力，并且对她说"你做得真好""你好厉害喔"。因为这样的期待偶尔才会被满足，所以加惠经常会陷入莫名低落的情绪或是不知所措的感觉中。

如果加惠向上级提交计划或报告后，主管只是简单地回复"阅""可行""通过"，而不是明确表示肯定，她就会反复审视报告的每一个字，怀疑自己是不是哪里写得不够好。总之，加惠会花很多时间琢磨这件事，心里七上八下，魂不守舍，好像活在另一个时空里。

如果在执行计划的过程中，主管询问加惠："顺利吗？""怎么进度有点慢？"或是："有没有遇到什么问题？"加惠就会无法抑制地怒火中烧："你这么问是什么意思？是不相信我、不放心我的办事能力，还是你觉得我没做好，你在暗示什么？"只要没有获得主管的正面评价，加惠就会恼羞成怒，认为主管为人刻薄，甚至将对方妖魔化。加惠丝毫没有意识到，自己对于被他人肯定的欲望有多强烈，甚至到了强人所难的地步。

> **修复自尊** "戒掉"赞美安慰剂，发展自我独立评价能力

拥有稳定高自尊的人，不会以自我为中心，也不会希望他人顺应自己的观点和需求。

他们能就事论事，以达成目标和共识为导向，而不是受制于个人的主观感受。

一个人想维持稳定的高自尊，就必须发展独立思考和自我评价的能力。如果像孩子一样，依赖别人的称许，自尊就很容易受到他人评价的影响。

当别人赞许和认可自己时，我们可以感谢他人的欣赏，对于肯定的话语做出回应；而不是将他人的赞同或赞美，当成舒缓不安情绪的安慰剂。这样，强迫性的上瘾行为才不会出现。

> **给自己力量** 完成，就是对自己最好的反馈

要建构内在的价值体系，知道自己为人处事的准则，清楚什么可为、什么不可为。要了解自己的底线：什么是必须坚持的，什么是需要妥协的。

有目标准则的人，懂得如何决策和承担，并不需要权威人士时时刻刻认同和肯定自己。当我们能借助内心力量陪伴和引导自己完成目标时，就会懂得完成本身是对自己最好的奖赏，不需要用他人的鼓励和赞同来安抚自己内心的不安定。

> **Shift Thinking**
>
> 我们越清楚自己的目标准则，越不必时时刻刻需要别人的认同。

04 面对位高权重者，敢怒不敢言

当我们无法调节内心的受挫感时，
就会怨天尤人，向他人寻求认同，
但这样做往往无济于事。

  自尊偏低的人害怕冲突，因为他们觉得自己会处于弱势，所以当与他人发生纠纷或是意见不同时，就容易以消极的方式应对。明明想要发泄情绪，或者有自己的看法和意见，但就是不说，因为他们觉得说了会惹来更多的谩骂和批评。于是，他们不能自如地表达自己的想法和情绪，而常常采取拐弯抹角的表达方式。

  即使有回击的念头，他们也会先压抑自己，之后再采取"被动攻击"的方式。他们惯用的"被动攻击"，也可以说是一种消极对抗，常见的表现有：向不相干的人抱怨、沉默不回应、向物体发泄情绪（例如摔文件、甩门），或是以弱者的姿态寻求别人的同情。

  对自尊偏低的人而言，直接表达太危险了，但他们又无法调节内心的受挫感，因此只能在背地里抗议、埋怨，或向他人寻求认同，来让自己心里好过点。

面对冲突，心生委屈

沛丽连续五个月请了生理假，她觉得这是自己的权利，《劳动法》本来就有这样的规定。但在这个月请生理假时，主管迟迟未批复。沛丽觉得很不安，又不知道该做什么，只能心里纳闷儿，并为自己壮胆：这是我的权利，公司不能不批。

过了几天主管批复了，但相较过去，这一次主管写了一行意见："生理期不舒服是否有去看医生，了解具体原因，以及解决的方法。"

看到这一行字后，沛丽感到很不舒服，心想：主管是认为自己装病骗假吗？还是暗示她偷懒？沛丽越想越生气，难以自抑，以致同事和她说话时，她不是冷淡回应，就是表现出一副沮丧的神情。

同事见状，礼貌性地关心了她一下，沛丽便开始眼眶泛泪，难过地说自己在岗位上付出很多，即便每天都加班一两个小时，事情也做不完，然而主管只在意她请了生理假，还暗讽她是在装病。

见沛丽那么难过，同事赶紧安慰："这是你的权利啊！不要担心，也不要怕，就算主管明说，你也没错。"

沛丽听了好过一点儿，继续说着："我觉得主管只是把我们当成工作的机器人，根本不知道我们女人来月经的时候，到底有多痛？怎么会有这么无情的人，这么没有同理心？"说着说着，她就趴在桌子上哭了起来。

虽然同事觉得沛丽表现得有点夸张，但为了安抚她的情绪，还是拍了拍她的肩膀，安慰道："他这样真的很过分，不知道痛经的女生有多辛苦。"

沛丽听了抬起头来，看着同事说："谢谢你，还好有你理解我，我真的不希望被主管误会，你有机会可以帮我跟主管说一声吗？"

同事听了，拍了拍自己的胸口，打保票说："我会找机会让他知道要对女性下属好一点的，这件事就交给我，如果他再为难你，我就给他脸色看。"

低自尊的人，很难直接去处理与别人的冲突或是意见上的不和，但他们对于被别人否决或怀疑又十分上心，所以不是将情绪写在脸上以示抗议，就是以受害者的姿态去向别人倾诉，希望有人为他们仗义执言。而当有拯救者情结的人遇到低自尊者时，往往会不自觉地进入为对方挺身而出的情境之中。

修复自尊　面对冲突，就事论事

持续处于受害者心态，并不能提升自我价值，反而会削弱自己面对和解决问题的能力，甚至察觉不到自己陷入了低自尊的处境之中。

"被动攻击"不同于"直接攻击"，前者带来的后果更为严重。因为这种方式会将不相干的人也牵扯到纷争里，不仅导致低自尊者受伤，而且让所有身处其中的人都不愉快。

面对冲突，我们要学会就事论事，不因别人质疑或询问，就觉得自己受到了攻击、伤害，这样才能获得真正的安全感。同时不要过度情绪化，避免对自己造成更大的冲击。

给自己力量 以从容态度，勇敢回应

你可能会不自觉地认为，别人都在伤害你或攻击你，因为你没有防护好自己的内心，也没有建立适当的界限，所以只能任由不愉快侵蚀你、干扰你，让你忍受伤害和痛苦。

试着勇敢地面对他人，试着以稳定从容的姿态，了解他人的意图和真正的想法。也许你就会发现，别人并非自己想象中那样可恶，也没有人想要针对你、伤害你、欺负你，或许他们只是想解决问题。你甚至会发现，每个人都只是想要解决自己关注的问题罢了。

> **Shift Thinking**
>
> 以稳定和从容的姿态，了解别人的想法。也许你会发现别人并非自己想象中的那样可恶，他们并没有要伤害你之意。

05 自夸，其实是一种自我补偿

> 真正的有钱人不会到处炫耀，
> 因为他的富有已内化成真实自我的一部分。

自尊偏低的人，总会怀疑他人带着轻视的眼光看待自己。

为了逃避那份焦虑与难堪，在某些时刻，他们会不自觉地使用夸张的语调、浮夸的姿态，企图表现自己的自信，但其实是在掩饰自己内心的不安。

越自大的人，内心往往越自卑。当一个人沉迷于夸奖时，可能是出于害怕别人觉得自己"不行"。同时，此人的自我肯定感，是空洞且空虚的，必须通过自夸来掩饰，好让别人以为自己各方面的条件都很好。

这和真正的自我肯定是不一样的。

懂得自我肯定的人，内心状态会比较稳定。他的表现会让人感受到他的自信和深厚的内涵——不疾不徐、不卑不亢；而自夸的人，给人一种浮躁、炫耀的感觉，甚至让人怀疑他的所言是否属实。

换句话说，这就像是真正的有钱人不会到处去炫富，因为财富已内化成其自我的一部分；而企图以有钱人的身份来塑造自我优越形象的人，会到处炫耀，或是逢人便说自己多有钱，生怕别人不知道。

时常自夸，其实是一种自我补偿行为——以自夸、炫耀来作为自我心虚的代偿。

用外在的夸耀，弥补被否定的伤害

子汉在一家科技公司担任工程师。他经常和同事说："自己以前在某大企业担任了不起的职位，那家大公司之所以能上市，是因为他研发的开创性程序……"当别人质疑"那你为何要离职"时，他会没好气地说："还不是遭人嫉妒，被陷害了，才不得不离开。"

然而，同事中有认识还在该公司任职的人，打听过子汉在那家公司的表现，得到的回复大致是："很难相处""既霸道又自以为是""只在乎自己，不顾团队"。这和子汉的自我陈述差别很大。

子汉会离职，主要是觉得自己被大材小用。但事实是，子汉的自行离职让大家松了一口气，因为他凡事不能与人好好商量，而且动不动就指责别人，早就让公司的人事主管头疼了。

但是，子汉既不可能承认自己在人际关系上出了问题，也不认为自己有任何需要检讨或调整的地方。只要别人让子汉感受到"自己不够好"的感觉，他就会忍不住口出恶言。他时刻夸耀自己是优秀的、卓越的、毫无瑕疵的、零失误的，一旦有被他人否定或拒绝的感觉，简直像要了他命似的。

修复自尊　从内在改善对自己的观感和评价

身为不稳定的高自尊者，想要获得更多的肯定，却常常用错方法。

他们获得高自尊的方法，不是接纳自己和肯定自己，相反，他们不愿意接纳和肯定自己。他们害怕被外界否定，所以选择时时刻刻地夸耀自己，不想被别人视为"不好"的存在。

因此，不稳定的高自尊者，实质是低自尊者，他们只是用以为能得到高自尊的外在行为，来掩饰自己内心的低自尊状态。

这类人想要获得真实的自信，就必须要练习，不要以外在表现或成就来作为自我价值的取向，而是从内在改善对自己的观感和评价。当做到了能肯定自己的价值，就不会因为外界肯定与否，而对自己的评价忽高忽低，导致自我状态的不稳定。

因此，在建立稳定高自尊的过程中，人们真正要做的不是自吹自擂，而是掌握实实在在的能力，提高对自我效能的肯定，这样才不会轻易觉得被看轻或被漠视。

给自己力量　合理的自我期许，完整地接纳自我

如果一个人不断地以自我吹捧的方式彰显自己，那么这种膨胀感会很快消失。当别人不再关注他，他也得不到期待的掌声时，由此产

生的愤恨和不如愿，会将他推向受害者的处境——觉得自己被所有人辜负和漠视。

如果你发现自己可能处于这样的困境中，请试着觉察并了解。其实，你内心的恐惧和焦虑，往往来自自我的诸多期待。然而，你却无法觉察自己，以致一再陷入恐惧及被别人"识破"的想象中。

试着全身心地接纳自己，如实地接纳自己的好与不好、能与不能，这并不会伤害你，这是真正认识自己的必经历程。如果无法接受真实的自己，那么任何不切实际的夸耀，都只是自欺欺人。人只有活出真实的自己，才能脚踏实地活在这世界上。

> **Shift Thinking**
>
> 认识自己，如实地接纳自己的好与不好、能与不能。

06 对外貌的追求，源于对自我的否定

**童年时曾遭遇过外貌或体态羞辱的孩子，
内心的自卑会让他发愤改变自己的外貌及体态。**

对于自己的外在形象，无论是刻意地不修边幅，还是无时无刻地关注，都是因为对自己的外貌不自信，都是内心对于自我的否定。

不修边幅型的低自尊者讨厌照镜子，只要是能映照出自己外貌的东西，都加以回避，他们还会回避照相。因为讨厌自己的形象，他们对于能让自己看起来美丽、帅气的事物，也一概拒绝，觉得自己不值得这样打扮，像是丑人多作怪，担心被人取笑。

而极端追求高自尊的低自尊者，唯恐自己身上有一点儿瑕疵。他们随时随地都把注意力放在关注自己的外貌上——头发是不是不够有型？衣服是否乱了？配饰是否不够亮眼？即使没有人关注他们，他们也会十分在意自己的坐姿和体态。他们会经常健身，练出让自己满意的身体线条。

对于童年时遭遇过外貌或体态羞辱的低自尊者，内心的自卑会让他发愤改变自己的外貌及体态。而且，这种几近疯狂地整形、瘦身、锻炼体格以及对装扮的执着，会以各种名目和理由出现：时尚、好看、美丽，或是爱自己。虽然这些理由很吸引人，但出于自卑、羞耻心而

追求外貌及体态的人，只要自己稍微松懈，就会产生强烈的焦虑感。

因为羞耻，而想抹灭自己

每天早上，钧彦都会穿上合身的衬衫和西装出门。为了合身地穿着型男服饰，他每周会有三个晚上去健身房，每天起床后还会进行体能锻炼。钧彦对自己的身材非常自豪，不仅会拍全身照，记录自己的锻炼成效，也会将这些照片发到一些社团群组中，享受成员们对他体格的称赞和惊叹。

在公司里就更不用说了，当其他部门的女职员从钧彦身旁经过时，他可以感受到这些人的关注眼光，想象在她们眼中的自己，就像"男神"一般。这些目光上的关注，让钧彦沉浸在自豪的感受中，认为自己的完美无人可及。而那些粗俗、不修边幅、散发体臭的男性，总令他深深不解，他不懂怎么会有男人活成一摊烂泥的样子？做不了王子或贵族，至少也该干干净净的吧！

但自诩王子的钧彦，有着不堪回首的过去。

小时候的钧彦体形肥胖，走到哪儿都被别人嘲笑。在学校里，同学们会集体嘲弄他，甚至故意将他绊倒，有时候还会笑他运动神经不好，总是跑最后一名。

有一次，老师在全班面前，大声对他说："钧彦，你在家是不是都在吃？这么好吃懒做可不行啊！你以后完蛋了。"

钧彦不想回忆那段人生的黑历史，看他现在的模样，没有人能联想到他过去那段难受的日子。要是现在遇到过去曾嘲弄他的同学，钧彦也要让他们知道真正的王者是谁？他们只能羞愧地望着他，然后看着自己现在的样子。

修复自尊｜意识到自己的独一无二

低自尊者对于身体、外貌的极端表现，不论是过度忽视，还是过度重视，都显示了他们对于自我的观感有过一段糟糕和羞耻的经历。

因为羞耻而想抹灭自己，这样的低自尊者或惯于忽视自己的存在，或因为羞耻而力求改变。

其实，这两种低自尊者在真正面对自己时，无法获得内在的平静和安稳。只要面对内在的自己，就会被难以抑制的焦虑感缠身。所以，只有当我们能真实地接纳自己的存在，接纳自己的身体、外貌时，内心才能拥有真正的平静。

安然接纳自己身体、外貌的人，能如实地将自己视为一个真正的人来对待，不会刻意挑剔自己身体、外貌上的不足。人只有在接纳自己的基础上，意识到自己的独一无二，才能进一步地喜爱和珍惜自己。

> **给自己力量**

感谢身体为你承受的一切

对身体和外貌的关注程度，确实会反映出我们对自己的在意程度。毕竟，只有当一个人关心自己，才会愿意花心思和时间在自己的身上。

但是，如果我们将身体和外貌当作自我防卫的盔甲，以为只有自己够好看，才能获得他人的青睐和喜爱的话，那么得不到他人的青睐和喜爱时，我们就会认为自己很差、很糟糕。这样的自尊如同海市蜃楼，会轻易因为得不到他人的关注和欣赏而烟消云散。

让我们试着与自己的身体建立友好关系，才能感谢、体味身体所承受的一切，体察人生的各种滋味。

如果一个人愿意感谢自身，也愿意成为担负起照顾自己身体的最重要的责任者，请试着重新了解和认识自己的身体，试着体会身体的感受，真正接纳自己。

> **Shift Thinking**
>
> 当我们在接纳自己的基础上，意识到自己的独一无二，才能进一步地喜爱和珍惜自己。

07 依靠金钱和地位提升自尊

如果我们在成长过程中,有着"拥有就是好"的价值观,那么很有可能会终生沦陷在无尽的物欲里。

自尊偏低的人,往往需要外在的物质条件来填补内心的空缺。他们希望别人能看见自己"有",而不是看见自己的困窘和贫乏。他们也想依靠外在物质来逃避内在的空虚,甚至虚涨自己的存在价值,希望这样能让别人看得起自己,更重视自己。

低自尊者之所以未能建立起良好的自我价值感,可能是因为在成长过程中,时常被作为比较的对象,而且是相对弱势的一方。长此以往,他们的自我观感,便成了"自己比较差""自己没有价值"。再加上周围的长辈可能时常夸耀或称赞别人,他们的价值观就更容易在此过程中扭曲,以为只有在物质上富有,才算是优秀的人或值得被肯定的人。

在懵懂无知的年纪,当外在环境不停向一个人灌输"物质富有才算成功"这种信息时,那么这个人会毫不犹豫地认定:只有钱和物质才能为自己挣来自尊,让自己受人尊敬或受人欢迎。

所以,在小学或中学的校园里,有许多孩子不断地向父母索取名贵物品,好让自己能跟同学炫耀,或是赠予朋友,以显示拥有这些的自己是一个独特不凡的人。

而在成长过程中如果没有及时调整价值观，那么这个人很有可能会终生沦陷在无尽的物欲里。即使经济能力不足，他也会通过不断地购买名牌，来"抬高"自己的社会地位。但他内心实际感受到的，却是与之截然不同的感受。

被欲求裹挟的自我会压垮人生

成美最近一直不敢打开信用卡账单，因为这个月她刷了一整组名牌保养品，还买了一个限量的名牌包。虽然她会说服自己："没关系，分期还完就没事了，何况打完折省了很多，买到就是赚到。"可如果加上她这个月跟同事去体验了脸部保养，又用分期付款买了十次疗程，所有花费林林总总加起来，就算分期付款，也占了薪水的三分之二，于是她只能缴还最低金额。

其实上个月，她刚在专柜买了一只名牌手表，作为自己三十岁的纪念。因为她看过同事戴那款表，心生羡慕。说起这个同事，不论穿着还是打扮，都让成美羡慕和喜欢，希望自己能像她一样。而那位同事是典型的"白富美"，家里有钱不说，穿戴也有品味，经常得到别人的称赞。

成美不由自主地自卑，觉得自己很平凡，没有什么值得让人称羡和夸赞的，因此常常看些装扮或化妆类的视频，希望自己也能跻身于穿戴名牌的潮流之列中。

成美也知道自己的收入根本负担不起那些奢侈品，她有时候希望能交一个富裕的男友，这样就能想办法让对方买来送她。而眼前让成美苦恼的是，缴了这一期的最低应缴金额，再付了房租后，她这个月原本想要添购的韩版外套该怎么买？那是她想要穿去参加同事婚礼的。

修复自尊 真正的魅力来自自信

如果想当然地认为能依靠外在物质来获取自尊，那是忽略了人有"内装"这一回事。所谓的"内装"，就是作为个体的人的本质和内涵。

当一个人不懂得接纳自己的本质和内涵时，就会想办法打扮自己，让自己的外表光鲜亮丽。但是，真正的魅力，往往来自这个人的本质和内涵。因此，在我们用外在打扮或物质装点自己时，也不要忘了认识和发掘自己内在的自信和真实。世上让人喜爱的事物，往往因不同的美感和价值而定。每个人都可以有他喜欢的品味和对物质的需求，但要有所取舍、有所衡量，这和一股脑地照搬是不一样的。

真正迷人的魅力，并非来自物质本身，而是喜爱自己内在的那份自信和自然。

请试着把我们拥有的物品整理成一份清单，从中辨识出自己真正喜爱的。盲目的购物行为只会让自己付出代价。那些让你真正发自内心珍爱的物品，才是增加自我光彩的来源。

给自己力量　重新认识自己的独特内涵

追根究底，你会发现这一切源于害怕自己会输和一无所有，因为那些曾经让你备受屈辱。你跟很多人一样，总是看不见自己拥有的，而看见自己没有的。

试着重新认识自己的内涵和本质，拥有真实的思考和情感，渐渐地，你会成为一个内在丰富的人。当所言所行皆能发自内心、不再空泛，你才是实实在在地拥有了自信。

> **Shift Thinking**
>
> 即使没有虚华的物质，你仍能欣赏自己独特的美丽，那样的美丽才真实、可靠。

08 人生好累，对工作和生活感到无力

低自尊者对人生的无力感是真实的，
但这份真实只是当事人的内在感受，
往往不是客观事实。

自尊偏低的人往往对生活充满无力感。因为对自己毫无信心，不相信自己能够应对压力与挑战，对于人际关系也充满焦虑与恐惧，他们总是推诿责任："人生好难、好累，这一切难，都是因为别人要求和强迫我，那本不是我应该承担的。"看似无奈的埋怨，却是低自尊者内心真正的声音。

这些人想当然地认为："我是无助者，如果没人帮我，我什么都不会，什么都办不到。"也许有些人对此感到惊讶，但对于低自尊者而言，不相信自己有能力过好人生，是再自然不过的。

面对别人的鼓励，这些人会下意识地反驳，认为自己真的做不到。低自尊者的这一连串反应，有时会带给他人挫折感，甚至惹恼他人。

这些人的伙伴、同事、主管，本来是想给他们信心，希望他们有信心去承担一些任务和工作，但他们往往会推拒，甚至有种被迫害的感觉——认为对方是在压迫他们，勉强他们做事。

尽管如此，低自尊者的无力感是真实的，但这份真实只是当事人

的内在感受，往往不是客观事实。

其实，我们每个人都有擅长之处，也有不擅长之处。所谓的优势和劣势，并不能说明这个人是好是坏。我们都会尽情发挥优势，试图突破不足之处。当然，如果在我们努力过后，发现自己在所做之事上还是能力有限时，也要勇于接纳自己，不逞强，不勉强。

但低自尊者不愿意尝试，不想经历反复努力的过程。他们的无力感，让自己一想到"过程"就感到劳累、焦虑和烦躁。他们非但不试着解决问题，还常常被问题所困。

总之，低自尊者抗拒的不仅是事情本身，还有承担责任。由于时常觉得自己做不好，或觉得自己无力以对，所以他们预估事情的结果都是很不好的，有些人连尝试的念头都不敢有了。

一想到工作，就感到好累

玉佩被主管指派去参加一个研习课程，主管希望她去学习新的业务管理方式，来改善部门的业务流程及效率。因为主管认为玉佩的资质不错，还有六年的工作经验，也应该磨炼一下、多承担些责任了。

然而，玉佩在得知这个消息后非常不高兴，她对主管说了很多不想去的理由，诸如自己对计算机不在行，学习能力不强，如果学了后到时候没有帮上部门的忙，岂不是浪费了这个机会？

表面上看起来玉佩是在为部门着想，但实际上，是她不想一个人承担学习后要负的责任。应对本职工作，她已身心俱疲了，公司还要她多学习，承担起提升业务效能的新工作，这不是会更累吗？

"上这种课，根本就是白费时间，对我一点儿也没用。"玉佩不情愿地想。

修复自尊｜自我效能管理

自尊偏低的人会抗拒接受生命的重量，以致对于许多日常事务的反应，都是好难、好累，甚至察觉不到这已成为他们的惯性思维。他们不仅忽视了自己的学习能力，而且将自己的精力浪费在了无力感的恶性循环中。

无力感之所以存在，是因为低自尊者从小就承受了许多外在的否定和质疑，导致他们不想再主动、积极地尝试任何事。他们习惯了被动，习惯了依照别人的指令和意见行事，而在这样的过程中，又会觉得"活得好累""好无力"。

一面抵抗外在的压力，一面承受内在的负面情绪，可能会让低自尊者的无力感越来越重。而想要摆脱这种恶性循环，低自尊者就要学会自我管理，不任由自己沦陷在负面、无力的情绪中，试着给予自己肯定和鼓励。

如果通过自我管理、自我引导、情绪调节，仍不见有改善的效果，低自尊者可以考虑接受心理治疗。

从尝试开始，学习鼓励自己

也许你经历过太多次别人对你泼冷水或冷眼相待，或很少有被鼓励和达成目标的感觉。但是，如果你把那些冷水和冷眼视为事实，以此来限制自己的意志和行动，就会出现问题：你为了让自己避免再受挫，在无意识中习惯了打消念头、消除自己的动力。这样的恶性循环只会让你一直处于无力感中。

适时地鼓励自己，学习用正向话语来肯定自己。也许过去的你没有经历过，但不代表你学不会。而你首先要学习的是，别再用过去的经历来打击自己，让自己感到挫败。

> **Shift Thinking**
> 从现在开始，适时地鼓励自己，尝试和学习用正向话语来肯定自己。

09 为了维持形象而耗尽心力

如果一个人希望自己永远维持受人喜欢的形象，
那么就会疲于应付周围的人际关系，
而单是维持这样的形象，也要耗费很大的心力。

为了掩饰内在自我，自尊偏低的人习惯用硬撑起来的虚假形象面对他人。为了维持这份伪装，他们耗尽了自己的心力，才达到不至于被人"看穿"的效果，因此经常会感到心累得不行。

最容易被他们用来伪装的形象，包括但不限于"好人""体贴又善解人意""文静礼貌""强者""权威"。

一般情况下，人会因为各种场合和身份角色的需要，而调整自己的对外形象，这从心理学角度来看，是正常的。正如专业人士会表现出专业态度和专业技能，知道在这样的角色中需要注意的言行举止和责任担当，而不是以个人的喜恶任意而为，这是社会历练下养成的敏感度和辨识力。

但如果有一个人，总以某种想让人喜欢、满意的形象出现，那么他就会疲于应付周围的人际关系，而单是维持这样的形象，也要耗费很大的心力。

相较自尊稳定的人，自尊偏低的人更容易迷失在专业的身份及权威的角色下，不断自我陶醉和自我防卫。而回归到自我本身，他们可能都不知道自己的价值和独特性在哪里，也不知道自己有什么值得让别人喜欢的。一旦获取了某种专业的形象或身份，他们就会把自我附着在那个形象上。相反，没有了这个身份，面对真实自我的羞耻感，他们又觉得难以自处。

当工作身份和自我密不可分时

华盈担任中学老师已经有十年了。这十年来，她一直在摸索如何当一个人人夸赞的"好老师"。不论是校长、同事，还是家长、学生，她都谨小慎微地应对着，不容许自己有一点差错。

华盈花了非常多的时间，和家长们培养感情。不限于校内活动，她还会不定时在周末举办全班师生及家长的联谊活动。只要家长提出问题和需求，华盈都尽可能去回应和解决。她希望自己是一个热情、认真、用心、亲切的好老师，这个愿望消磨了她所有的精力，让她几乎没有个人时间。

对于他人请求的帮助，她总是习惯说"好"。她想着，现在帮他人，将来有一天自己有需要时，他人也会愿意帮自己。然而十年过去了，愿意帮她的人寥寥无几。而她仍没有拒绝别人的能力，连为自己说"不"都做不到。

其实，对于当一个好老师的快乐，华盈越来越难感受到了。头一两年偶尔还有为人之师的喜悦，但心中更多的其实是焦虑和不安：自己是不是哪里不够好？会不会被家长指责？会不会被同事讨厌？能不能得到学生的肯定？

十年下来，华盈越来越难肯定自己，她也不知道自己究竟在为什么辛苦劳累？但她清楚地知道一件事，那就是她和老师的身份已密不可分。无论如何，她都不能失去这个身份。没有这个身份，她都不知道这个叫"华盈"的人到底是谁？又有什么价值？

修复自尊｜让角色下班，回归自我

"自我期许"可以成为提升自我的动力，也可以成为束缚自我的牢笼，关键在于能否使自己和他人互惠互利。如果有一方遭到了忽视，那就不再是平衡及有益的"自我期许"。

我们的"自我"，不等于身份或角色。"自我"是身份和角色的基础，也是身份和角色的伙伴。当身份和角色的形象褪去，我们仍然要清楚地知道自己是谁。

因此，我们可以常做一个练习，结束每天的工作后告诉自己："今天的角色下班了，我是xxx。"或是时常默想：如果今天你不再有那些角色，那么你是谁？这都有助于自己找回真实的自我。

一个愿意且有能力认识自我的人，会花很多时间了解自我，选择做适合自己做的事。而不是在盲目选择后，心生后悔或懊恼，更不会失控地做事或一味讨他人好。当我们能选择做自己真心喜欢的事，才会感到真实的喜悦。

同样，一个懂得活出完整自我的人，懂得在人生的不同阶段，做出不同身份和角色的转换，让不同的自我都能获得实现，而不受限于某一个身份或角色。

有一些人即使离开了某个岗位，或不再担任某个职务，仍迟迟不肯转换身份和角色，这不仅会让自己困在过去，而且也无法面对当下的真实人生。

给自己力量　经历会转化成内在的智慧

学会自我肯定，如实地肯定自己在奋斗过程中的足迹，以及自己是如何迎接各种挑战的。虽然过去的事情都过去了，然而总结自己从中真实得到的历练，不枉费你为此下的功夫。当然，如果你眷恋于某个特定身份和角色，执着于某个职位和形象，生怕尊敬和掌声消失后，自己就什么都不是了，那么就容易忽视内在积累的丰厚经验。

一个清楚自己学到知识的人是不怕他人离开的，而一个很怕他人离开的人内心是不够强大的。你所拥有的一切，究竟是已经内在于心，还是需要依赖外界维持，这会决定你有多少安全感以及对自己的接纳程度，进而影响你的自尊稳定性。

> **Shift Thinking**
> 在人生的不同阶段，我们都需要经历不同身份的转换，让不同的自我都能获得实现。

10 把小事情看成大事情，寸步难行

> 我们总是很想把握机会做些让人刮目相看的事，
> 却往往把目标设定得太高，过于理想化，
> 以致在执行时，连最基本的工作都会困住自己。

　　自尊偏低的人，面对非做不可的事情时会出现拖延倾向，能拖一时是一时。因为在他们看来，微小的工作都可能成为自己无法负担的大任务。

　　自尊偏低又想有高自尊需求的人，还会因为一开始把目标设得太高，而在执行时觉得困难重重。于是，他们只是想想就觉得累，无法静下心来，专注且按部就班地进行。

　　无论是对自己的预期表现过于理想化，还是需要边做边拖延，这都会让内在力量不强大的低自尊者，无法拥有稳定的"续航力"。

预期越高，压力越大

　　永霖目前负责一个项目企划。在项目开始前，组长要他搜寻一下公司过去类似的企划案，先了解这些企划案的执行情况，再在公司内

部做个简报。一接到这个任务,永霖就立志做个让公司领导赞叹连连的简报。但随着收集资料的增多,越来越需要时间整理和分析,他越发烦躁。虽然永霖知道做简报难不倒自己,但他很难静下心来。

于是,每当永霖开启计算机,他便开始浏览起其他网页,或玩起游戏,直到原本很充裕的时间只剩下几天。在最后这几天,他想到那份原本想用心制作的简报,看来是没有希望了。此时,他心里萌生了逃避的念头,埋怨自己为什么这么倒霉,被指派做这样的工作,同时又怪自己怎么这样浪费时间……

> **修复自尊** 先求有,再求好

低自尊者总想着把握机会做些让人刮目相看的事,却往往把目标设定得太高,过于理想化,以致在执行时困住自己。一想到路程遥远的目标,他们就不由自主地拖延。那些焦虑和烦闷,也压得他们喘不过气来,让他们寸步难行。

如果想拥有稳定的自尊,不妨试着在事情开始前,不要想象得太完美,而是先建构"有"再求好。在慢慢建构的过程中不断调整。长此以往,就会驾轻就熟,也越来越胸有成竹。这种积累的过程,能带给自己确定感,减少起步难的拖延症状。

能持之以恒达成计划的人,并非是因为那些计划在执行过程中比较容易，而是他们兼具挫折管理和自我鼓励的能力，使自己能够坚持下去。他们不会让挫折感无限制地打击自己，而是勇于承认，并找出解决的办法，鼓励自己敢于尝试，继续前进。

给自己力量｜接受无法掌控的可能

很多时候，"完成目标"不在于一个人天资聪颖或出类拔萃，而在于"持续力"。许多人有很多空想的念头，但一想到要做，行动的动力就少了一大半。

为什么当我们开始动手做时，驱动力就会消失呢？一是，很多人想快速看到成果，而对于慢慢积累的过程缺少耐心；二是，在陪伴自己完成事情的持续力方面，不够专注。

内心不安的人，往往无法按捺住焦虑，也无力安抚自己的心神不定，因此会转移注意力，分心去做不相干的事。焦虑源于内心深处的恐惧和担忧，是对未知的一种不确定。因此，不如承认自己的无知，接纳可能会出现的失控局面，试着先做自己能完成的部分，以温和的方式，鼓励自己一步步前进，就不会因为压力太大而拖延。

> **Shift Thinking**
>
> 接纳可能会出现的失控局面，先做自己能完成的部分。

Chapter 2

低自尊者的情感困境

爱与不爱，都会害怕受伤害

在爱情中的低自尊者，

由于害怕受伤害，

所以会启动心理的防卫机制，

让感情关系陷入相互伤害的恶性循环中。

Introduction
引言

　　自尊偏低的人，在人际关系中时常会过度反省自己"不够好"的地方，同时害怕别人会认为自己"不够好"而轻视自己，产生过度的焦虑和担心，特别是经常自责，害怕被人拒绝和排斥。

　　当一个人无法肯定自己时，就会将内在的自我观感向外投射，并延伸到很多层面。

　　像是有些人时常担心自己会因为动作慢而惹人厌，进而觉得周围的人都在指责自己慢半拍。这些人对其他人的一举一动既敏感又担忧，觉得只要和其他人在一起，那些人一定是经常嫌弃或厌烦他们的，只是没有表现出来。

　　又如在职场中的表现，低自尊者在思考时会以自我为中心，无法客观地观察事实，容易凭着未经验证的主观臆断，来断定别人的看法和态度。就算别人什么都没说，他们也会以自己的想象，来猜测别人对自己的观感。因为不安全感和焦虑，低自尊者内心经常会上演自导自编的小剧情。

　　基于强烈的不安全感、不自信、习惯自我否定和自我厌恶，以及不稳定的自我价值感等特征，有自尊障碍的低自尊者身处各种人际关系时，就会让自己深陷心理折磨和情感纠葛中。对于他人的一言一语，或一颦一笑，都可能会过度解读，特别是负面的解读和判断。

　　因此，本章特别针对低自尊者的情感关系来讲。让我们一起了解，当自尊偏低时,人在情感关系中会面临什么样的困境,以及常产生哪些困扰,该如何帮助自己或他人解决这些问题。

11 对关系过度焦虑，形成恶性循环

> 越容易焦虑的人，越想要控制他人。
> 如果我们想控制的是另一个人的反应，
> 那就更容易让自己陷入焦虑中。

由于自尊偏低的人不相信自己深具魅力，因此在关系中，他们时常觉得自己乏善可陈。别人的关注反而会让他们提心吊胆，害怕对方会看穿自己的"不配"，继而嫌弃自己。

更让他们害怕的是，对方到底会如何看待自己。上述这些问题，常常让低自尊者整个人焦虑到要崩溃了。

如果低自尊者收到邀约，他们会花许多时间考虑穿着打扮，并觉得自己穿什么都不对。这样穿可能会被认为太胖、太轻浮，抑或不够有品位；发型也是，头发该打发蜡，还是应该吹整一下？这些细节实实在在困扰着他们。

即便是一般的社交往来，他们也会深受其扰：自己究竟该说些什么？该怎么介绍自己？该如何表现得大方得体？他们难以确信自己能否拿捏好言行举止，而且害怕别人看出自己的焦虑，因此常常进退维谷，人际关系也会出现重重困难。

最爱的那一点，成为两人的分歧点

建成正是这样的一个人，他常常感觉自己的一言一行无法得到同事与上司的肯定，但又特别希望能够出人头地，所以他凡事战战兢兢，一刻不得松懈，以至于每天下班后总是精疲力竭，觉得自己快要无法呼吸了。

当新同事筱芬到来时，建成第一眼看见筱芬，就被她那份自信、耀眼所吸引。于是，建成就希望筱芬能注意到他，在她还没有发现自己的"真面目"时，给她留下好印象。所以，在筱芬面前，建成总是特意表现自己优秀的一面，也鼓起勇气展现自己。这份用心也让筱芬接受了他的追求。

但是好景不长，两人正式交往之后，建成开始对筱芬的耀眼感到不安，希望能约束她的表现，让自己不至于在她面前相形见绌。尤其是在筱芬的工作表现得到同事、上司的肯定后，建成的心中更加不是滋味，总觉得自己被比下去了。当初吸引自己的那份耀眼和自信，现在却让他感到不舒服。

筱芬也察觉到当初追求自己的建成和正式交往后的建成，像是两个不同的人。她不懂一个人怎么会像充气的皮球一样，本来充满了活力，现在却像消了气一般没有活力。

当筱芬向建成提出两人不合适，想要结束关系时，建成拒绝面对问题，而是用偏激的言语攻击筱芬，说自己早就预料到这一天，她果然和其他人一样，打从心底瞧不起自己。

这种认为自己不够好、不断责备自己，导致自己在关系中变得焦虑，随时随地害怕被对方嫌弃和压制的心态，让低自尊者的内心深处雪上加霜，陷入痛苦关系的恶性循环中。

修复自尊　让别人是别人，让自己是自己

每个人都希望通过一段关系让自己变得更好，也希望自己能让对方变得更好。但如果其中的一方是低自尊者，那关系就容易陷入互相攻击的恶性循环中。

因此，低自尊者首先要学会安顿内心的焦虑（觉得自己"不够好"），也要尊重对方及其回应。如果低自尊者一直否定自己，也是在否定对方的选择，像是在告诉对方："你看错人了，你喜欢错人了，其实我很糟糕。"这会让双方都陷入焦虑中。

在面对陌生情境时，很多人会出现焦虑不安的情绪反应。虽然在面对某些情境时，确实会无法抑制地焦虑，但这并不代表我们没有控制情绪的能力。同时，不要总去想象双方关系将往负面发展，消极的想象只会让人感到恐惧。

低自尊者出于害怕被他人伤害的心态，在与别人相处时，心理防卫机制就会启动。但请谨记：让别人是别人，让自己是自己。不要无端揣测别人的观点或感受，即使怀疑自己真的犯了错，认真聆听他人的看法，也能让你真正地有所获益。

给自己力量　如实接纳他人，自己也会被接纳

焦虑感，是出于害怕自己无法承受或无法面对事情，而产生的不安和烦躁。越容易焦虑的人，越想要控制他人。但是，如果你想控制的是别人的反应，那就更容易让自己陷入焦虑中。

你需要学习的是真正去面对。每个人都有不同的反应和对于情感的态度，不是死板的数据公式或程序，不是你希望怎么设定，别人就会依照设定而表现出你想要的结果。

请试着好好地认识每一个人，就如同认识自己一样，不要太依赖既定的相处模式，而是要从与每个人的互动中，真实地了解他们的特质和性情。当你用开放的心态去接纳别人，就会发现别人也会真诚地接纳你。

> **Shift Thinking**
>
> 即使怀疑自己真的犯了错，认真聆听别人的看法，也能让你真正地有所获益。

12 把他人的回应当作对自己的负面评价

如果我们总是想从他人那里听到符合自己期待的言语，那只能是折磨自己，让自己难受。

低自尊者的内在翻译系统，是一个比较容易储存负面信息的数据库，他们无视别人客观的意见或观点，只去追求完全的赞美或肯定。注意！是完全的肯定（当然这是非理性的）。如果你先赞扬低自尊者，再说一点批评意见，他们就会接收你批评的话语，而听不到先前的肯定和赞赏。

在沟通方面，低自尊者也存在一个有趣的心理现象：这些人的大脑里好像装了一个筛网，会快速截取他们想听到的话，不想听到的就过滤出去。除此之外，当别人只是在表达自己的观点或感受时，他们的内在翻译系统，也会毫不犹豫地认定这些评价就是对自己的否定，是致命的打击和羞辱。

被人糟蹋的一片好心

王家夫妇新婚不久，正在适应两人共组的家庭生活。王太太从小就有一个"完美家庭"的愿景，经常浪漫地想象两人共进晚餐、享受甜蜜恩爱的世界。于是，王太太常常兴致高昂地看食谱和料理节目，希望自己能成为一位在厨艺上令丈夫满意的妻子。虽然她没说出口，但心里总是期待丈夫能满怀感激地对她说："我真是三生有幸，娶到你这么完美的妻子。"

某天，王太太亲自下厨料理，虽然有食谱，但还是手忙脚乱。而且她不愿意让丈夫帮忙，想着要亲手做完这重要的第一次晚餐。

历经两三个小时，大餐终于上桌了：拌着酱料的生菜色拉、红烧豆腐，干煎鲜鱼，还有一锅热腾腾的营养汤品。此刻，王太太满心期待能得到丈夫的赞美。

对于太太的用心准备，王先生也充满期待。但在他吃下第一口时，发现味道太淡，而且鱼肉好像没熟，于是随口说了句："味道淡了些，咦……鱼肉是不是没熟？煎的时间是不是要再久一点儿啊？"

王太太听了，立刻变脸，没好气地回答："怎么可能！你乱说，我照食谱的时间做的，这样鱼肉才不会太老太难吃，你是不是不懂鱼怎么做才好吃啊？"

王先生被反驳的同时，也感到妻子的不悦。他马上辩解："我长这么大会没吃过鱼吗？熟没熟我还不知道吗？只是说一句实话，你有必要不高兴吗？"

他们都觉得自己被对方否定了，也都很生气对方为何要这样破坏气氛。最后，餐桌上只剩下冷掉的饭菜。到了晚上睡觉时，两人都不想再跟对方多说一句话。

在这一连串的互动过程中,我们可以注意到,王太太从一开始就有所期待,觉得自己应该得到丈夫的赞美和肯定。而王先生在陈述主观的事实时,并没有否定、批评妻子的意思,他只是想把事实说出来,让妻子知道以后可以调整。但当王先生认为自己在真心反馈、陈述事实时,为什么太太会觉得自己被丈夫否定了呢?

这其实是一个有趣的现象:面对任何人的意见或观点时,低自尊者都会将其视为对方认为自己不够好的证据。因为没有得到预期的称赞,他们会感到失望及挫败,进而产生愤怒的情绪。

因此,低自尊者的反应,让别人觉得他们根本就不想听真话,只想听赞美、好听的话,以致造成沟通中的隔阂。

修复自尊 表达,是为了交流感受

当别人提出建议时,我们不必去刻意放大,更不能予以负面解读。毕竟,每个人都有自己的主观性,有自己的感受和想法,没有人可以说出完全符合另一个人期待的答案。

如果想从他人那里听到符合自己期待的言语,那不仅是一种想要控制他人的表现,更是一种不尊重他人的表现,同时也会折磨自己、让自己难受。

如果自己对事情的回应和反馈有所期待，可以试着向对方直接说出来。想要对方看见自己的付出也好，想要听到对方肯定自己的努力也罢，试着向对方表达，不要总是压抑和等待，幻想对方照着自己想要的方式给予回应，那只会给自己带来一次次的失落及挫败感，让自尊不断受损，对关系的维系也无益。

当我们因羞耻、受挫感而想要发怒时，请告诉自己：对方表达的目的，不是让你受挫，而是想让你了解他的想法，知道他的感受。你可以有选择地倾听，但不必认定对方是在否定你、攻击你。

给自己力量　练习与不同的思维共存

对于低自尊者来说，因为想改变内心"觉得自己不够好"的感受，也想证明"自己是一个值得被爱的人"，因此会不自觉地强化对方所表达的内容。其实，很多时候对方只是在表达自己的观点、感受，但因为不符合低自尊者的预期，就会被当作攻击性的言辞。

这种非对即错、非黑即白的对立思维，往往让低自尊者活得非常辛苦。如果想证明自己是对的，就好像要拼命认定别人是错的；如果承认别人是对的，就会认定自己是错的，无法让彼此和谐相处。

学会与不同的人、不同的思维和谐相处。无论这世界存在着多少差异，有多少不同的想法，每个人、每种思维都应真真切切地共存其中。当我们允许自己的想法和感受存在时，也同样应允许别人的想法和感受存在。人不必总是寻求相同的声音，来证明自己的被认同。

> **Shift Thinking**
>
> **人不必总是寻求相同的声音，来证明自己的被认同。**

13 过度承担，时常背负罪恶感

把他人的不如意归于"都是自己的错"，
这种缺乏客观性的单一思考，等于是在找"替罪羊"。

对人际界限模糊等情况，常常会让自尊偏低的人过于自责，即将别人的不顺遂和人生问题当成自己的责任。他们认为如果自己够好，对方就不会遇上这些麻烦，也就不会有那些不幸；他们甚至会认为别人的不愉快，都是因为自己没有将对方照顾好。

极度自卑的低自尊者，很容易将外界的问题往自己身上揽，归咎于自己。因此，他们很容易说出"都是我不好""对不起，请你不要生气了""原谅我好不好？我下次不会了"这类话。

害怕自己不是一个好人

碧如是一个全职家庭主妇，她把全部心思都放在照顾一家大小的生活起居上。她总是把家里打扫得一尘不染；只要家人喜欢吃什么菜，即便是她不会的，她也会努力学。她只想得到家人的肯定和认同。

碧如对家人费尽心思，心中却总是惴惴不安，认为自己一无是处，不是一个"好太太""好妈妈"。

这样的不安感,再加上丈夫常因为工作问题而受挫,孩子常因为课业压力而烦躁,于是碧如内心总会自责,觉得自己格外无用,不能为丈夫、孩子分忧解劳,他们心中也一定觉得自己帮不上忙,只是没有表达出来罢了。

碧如甚至会怀疑自己命中带煞:丈夫肯定是因为娶了她这样一个无用的老婆,才会升迁不顺利,事业无法飞黄腾达;孩子也是因为有了自己这样的母亲,才会课业不如他人,学校生活不顺利。她曾经还想象过,如果这个家的女主人不是自己,那么他们的生活也许比现在幸福、快乐得多。

这些自责和内疚,无时无刻不在折磨着碧如,因此她更殷勤地讨好和顺应家人。她深深害怕着,当丈夫或孩子有一天无法忍受自己的无用时,是不是就会抛弃她?她又想:还是我自己主动离开算了?

修复自尊 请学会对自己慈悲

在情感关系中,夫妻双方都要身心健康并安稳,这样才能真正感受到亲密和幸福。

如果时常苛责自己,不仅会给关系中的另一方带来负担,也会将自己置于不断自我否定的处境中。所以,无论如何,试着关照自己的内心，学会鼓励和肯定自己。这样，当自己安心了，关系才能安稳。只有了解了自己的价值，才不会嫌弃自己，不再将"觉得自己是麻烦"的感受投射到关系中，误解别人对自己的观感。

在关系中容易自责的人，都是拥有极高道德标准、极高自我期待的人。他们时常在别人都还没说出什么意见时，就开始审视自己，甚至审判自己。

这样的怪罪和自责，其实也是出于羞耻感，因此，我们务必要坦然面对这份莫名的羞耻感，与自己和解，放低对自己过高的道德期待和严苛的标准，学会对自己慈悲。

在人际关系中过分的自责，常常来自我们想象中的罪恶感。有时候，他人并无任何怪罪我们的意思，或者只是针对当下事实做出反应。因此，低自尊者首先要学习的是：实事求是，区分理智与情绪。

认清对方需要做出反应的事实，允许他人可以拥有他的情绪感受。试着针对事实去做理性讨论，而不是夸大对方的反应，或者怪罪自己，如此，我们才能不让自己沉溺在无边无际的罪恶感中。

给自己力量　你不必承担这一切

习惯性自责的人，要避免把他人的不如意归于"都是自己的错"。因为这种缺乏客观性的单一思考，等于是在找"替罪羊"。而这种思考本身，无视环境中的失误，不是真的去探讨挫折和问题的根源，只是通过一个"替罪羊"，来转移真正需要面对的问题而已。

请试着了解：每个问题都是由复杂多元的因素构成，将其简化成"都是自己的错"并不会减少真实问题的产生。这种过度的自我牺牲，不仅不会让别人好过，还会让自己陷入自我残害的心理运作中。

Shift Thinking

请学会对自己慈悲，放低过高的道德期待及严苛的标准。

14 即使在群体中，仍会感到孤立

如果在过去的人际关系中经历过挫折，
就会排斥再次进入关系。

自尊偏低的人打从心底就不是真正爱自己，常认为自己是群体或他人排斥的对象。如果低自尊者还有着消极的心态，那么他们在群体关系中就容易退缩、被动。他们会等着非常外向的人来主动相识，与他们接触。不然，即便是在盛大的聚会中，他们也不会开口说一句话，或者主动去结识一个新朋友。

这种自我排挤，往往是难以察觉的潜意识反应。由于常因自己不够好而羞愧，便害怕进入群体中，担心自己成为别人嘲笑或攻击的对象。低自尊者可能会说服自己：自己是独行侠，喜欢独来独往，喜欢独处时的安全感，所以才远离群体。

其实，这是他们曾在过去的人际关系中经历过不如意和挫折，并且夸大了受挫感，因而非常排斥再次进入关系。他们认定只要进入群体，自己必定会遭到强势之人的欺负或轻视。

由于不确信自己能否应对群体交往，再加上低自尊者习惯将事情往负面想，因此他们很难在群体中感到安心，也难以将自己归于任何一个团体中。

社交孤立的人生困境

莉莎时常觉得很孤单。她深信在这个世界上，没有一个人在乎她。她眼中的别人，都是一个个自私自利的人，没有人愿意听她说话，也没有人愿意关心她，更别说喜欢她了。

事实上，莉莎曾多次被邀请参加团体聚会或社团活动，但每当她鼓起勇气出席时，就会发现整个过程中没有一个人来招呼她或与她聊天。当初邀请她的人，也都自顾自地去与他人社交。每次遇到这种状况，莉莎都觉得很生气，邀请自己的人难道不能带她去熟悉其他成员吗？为什么抛下她一个人，让她尴尬。

其实有几次，有人主动向莉莎走来，但莉莎不知道该和对方说些什么，只觉得自己手心冒汗，而且眼神飘忽、表情僵硬。所以没聊多久，对方就去找别人聊天了。这让莉莎感到很挫败，觉得自己根本不适合参加团体活动。

其实，是莉莎只关注自己内心活动的习惯，让她很难真正地关注别人的反应，所以莉莎不知道如何与别人产生共鸣，以及如何正确地与别人建立友善的关系。

莉莎对于如何与人建立关系这件事感到陌生，她总会过度关注自己的表现和反应，以致不论自己怎么尝试，还是觉得难以和别人、团体相处，有种自我抽离或被他人抛弃的感觉。

莉莎时常觉得心里空荡荡的，感觉自己像是住在一个没有其他生物存在的星球，但偏偏摆脱不开生活中令人烦恼的事物，所以她觉得活着很累，甚至还会有轻生的念头。

修复自尊｜站在别人的位置看世界

如果我们在群体中不时感到被孤立，可以试着学习一些和别人互动及建立关系的技巧。试着改变过于关注自己的习惯，稍微离开以自我为中心的位置，站在别人的位置，看一下别人喜欢什么，别人在聊些什么。

其实，低自尊者大都有杰出的专注能力，只是过去把这份专注都放在了自己身上。但是没有人能够真的独存于世，这世上不只有你一个人。请试着改变封闭自我的观点，大胆地抬起头来，看看这个世界。同时，学会关注别人的内心和回应，这是促进良好关系的开端。

如果觉得别人在对你评头论足，让你感到不舒服，可以试着去判断对方是否只是对你有兴趣，不要过度关注和放大对方的遣词用句。不是每个人都懂得说话的艺术，你可以适当地给予别人一些宽容。当然最重要的是改变你的潜在意识，不再认定自己是一个孤立的存在，因为那样只会拒人于千里之外。

练习和别人产生"联结"

不让自己孤单的最好方法,就是练习去和别人"产生联结"。也许是从兴趣产生联结,也许是从喜好产生联结,或是从话题产生联结。

这个世上,每个人都是独特的,都有自己独立的思想和情感。因此,不要期待能找到一个和自己拥有完全一样的想法和感受的人。人生而孤独,却也有与他人产生联结和共鸣的时刻,这就是"关系"的意义。

如果将大部分时间花费在别人对自己的看法上,而不是用心过好自己的生活,那么我们不仅会失去感受当下的"真实体验",还会让自己的内心陷入巨大的空洞中。这样的话,我们就感受不到那份由内而外支持自己探索世界的安稳力量,也会错过许多美好时刻。

> **Shift Thinking**
>
> 人生而孤独,却也有与他人产生联结和共鸣的时刻,这就是"关系"的意义。

15 经常处于怕做不好或说错话的压力中

我们往往将许多做人做事的教条和标准，烙印在自己的大脑里，不断对自己耳提面命，唯恐被他人或社会排挤。

有些人之所以自尊偏低，可能是因为从小常听父母说"做人就是要和善、要体贴""不要自私自利，多为别人着想"等等。小孩子判断能力不强，就会直接将这些教条和标准牢记在心。同时，由于需要依赖父母的照顾才能长大成人，因此大部分孩子都会选择做一个符合父母规范的"乖孩子"。

但也有一些孩子，即使在缺乏父母关注和照顾的情况下，会遵照学校或书本上的教育，来让自己成为容易被社会接受的人。

无论是来自原生家庭还是学校体系的影响，在这些环境中成长的孩子，会不自觉地检视自己，不断检讨自己有没有做好、是不是做错了。

从很小开始，他们就活在每天被纠正的环境里，甚至每天会被父母念叨要好好检讨自己。有些父母在教育孩子时，还会把"一日三省吾身"挂在嘴上，以为这样做才能养育出好孩子、乖孩子。于是，孩子在没有建立起对自己的信心基础上，就在反复怀疑自己、质疑自己的过程中长大成人。

而且，低自尊者的检讨并不是真正的检讨。真正的检讨，在于知道自己接下来要怎么做。而低自尊者的检讨只是不停地反复批评和否定自己，往往不去想接下来该怎么做。他们习惯了在所谓"检讨"的过程中责备自己，就像是过去父母和老师对他们做的那样。

可想而知，因为内在的检讨不断，低自尊者的日常中充满了痛苦和惶恐，甚至连心安理得的时刻都没有。在他们的认知里，"心安理得"也许会被解读为自满、骄傲、不知上进及反省；短暂的心安，让他们怀疑自己是不是一个不知改进的人，甚至没有资格活在这个世界上。

所以，低自尊者常把自己压得喘不过气来，他们体会不到接纳自己的安心感。

过度检讨自己的人生

千优就是这种不自觉地将"一日三省吾身"内化的人，有时甚至会对自己"十省""百省"。

千优常常在阶段性的工作、社交活动结束后，就不由自主地反复回想，自己是否表现得体？有没有出错？然后细细回想每一个与人互动的细节，说过的每一句话、每一个字。有时，千优越想越觉得自己当时漏洞百出。

每一次反省后，千优都会对自己的某些言行感到懊悔，从未给予自己肯定的信心。

事实上，千优在他人面前真的做得如此不得体吗？其实并没有，但是她总是无法肯定自己，总认为自己一无是处。

如果在聚会中有人不经意地跟千优开玩笑，表面上她会跟着大家一起谈笑，但内心里却会莫名惶恐，甚至手足无措，觉得一定是因为自己表现得不好，别人才会这样对待她。

这种和他人相处不愉快和尴尬的感觉，使千优常常想要逃离社交场合。即使她离开后，也总摆脱不了和人接触后内心的懊恼。

即便只是日常生活中的小事，千优也会不停地检讨自己。她越期望自己能够面面俱到，得到别人的肯定和认同，就越感觉自己没有一件事是做好的。她的生活里充满了自己无能为力的事，所以千优总是心神不宁、惶惶不安，感觉自己活得很疲惫、无奈。

修复自尊　不要责备努力过的自己

检讨，是从待人处事的客观事实中，做出有建设性的思考。但许多人的检讨，类似小时候被长辈、父母责骂的过程。而反复地挑剔和责备，不停地谩骂和否定自己，没有任何有建设性的思考。

如果想修复自尊，请开始练习有意义的反省和讨论，把重点放在"我怎么做下次会更好"上，而不是沦陷在反复纠错和自责的否定旋涡里。

内在的道德观和伦理观是我们自律的基础，但不要以道德观和伦理观作为鞭策自己的教条，生怕自己一旦违反它们，就是十恶不赦的大罪人。

让我们练习和自己对话，真正理解内心的思考历程，进行理性的反思，而不是非理性的责备。

对于人际关系，你从小到大可能都有一种误解：认为自己要成为圣人或完美之人，才会被人接受或不被人讨厌，所以你总是想要改正错误、检讨所作所为，然而，这是一种非理性的想法。即使是圣人或完美之人，也可能会招致少数人的不满、批评。

而你就算满足了某些人的需求或期望，也不可能保证事事周到。你只要完成自己做得到的地方就好，相信自己在当时已经尽力了就行。如果想要做得更好，就等下一次机会，不必陷于反复自责的负面情绪之中。

练习放过自己

（给自己力量）

放过自己，是你需要为自己做到的。你曾经以为只要不轻易地放过自己，把自己逼到绝路，才能逼出自己的潜能，却没注意到自己先被焦虑不安和无尽的挫折击垮了。

希望自己拼尽全力，是出于害怕自己"不足够好"的心态，于是以"不停努力"来掩藏这份焦虑。如果你相信自己足够好，就能在此基础上，抱持开放的心态，引领自己尝试新的可能。这两种对待自己的方式，不仅会在努力过程中给你不同的体悟，最后呈现的结果也会大不同。

相信自己够好的人，会发现自己有更多的能力和长处，对自己更加自信。害怕自己不够好的人，会在努力的过程中带着恐惧和焦虑，长此以往，只有痛苦和不舒服的感觉，体会不到自我肯定的喜悦。

Shift Thinking

做到你目前能做得到的就好，在下一次机会来临时，再用心完善上次未做好的方面。

16 因无助感，不再对爱抱有希望

因为相信自己不够好，感觉别人一定会抛弃自己，所以会无意识地制造各种问题，最终迫使他人离开。

自尊偏低的人，即使日常表现并不差，但出于对完美形象的执着，也经常陷入自惭形秽的悲观中。而且，他们大多把注意力放在"觉得自己很糟"的感受上，不停地有自我挫败和自我否定的感觉，而不把注意力放在学习如何改善、如何成功的方法上。有些低自尊的人，甚至会放弃学习，强化"学习无用论"的观点。

诸如专家说的话、知识型文章，或是某些学习的课程，他们就算提起精神来看，看完的反应也通常如下：

"这些专家说得倒轻松。"

"我是不可能做到的。"

"都是废话，一点用也没有。"

是的，低自尊者的低能量感，常常让他们失去学习动力，放弃了自我学习。但他们心中的不安依旧存在，因此需要通过自我防卫的"合理化"来安慰自己。

事实上，他们经常批评和否定那些能帮助自己的人或方法，这么做相当于他们批评和否定自己有资格、有能力做得更好，或有机会平复内心的低落和忧郁。

低自尊者身旁即使有人努力帮助他们修复情绪，他们仍会将内心对自己的负面评价，投射到人际关系中。

所以，低自尊者的情感和人际关系经常会出现不稳定的状态，甚至落入自我攻击的恶性循环中。直到一直关心他们的人，也因为被否定、批评、责怪、忽视，而渐渐失望，最后从他们身旁离开。即使如此，他们还是不懂反思，而是自欺欺人地告诉自己："走吧，走吧，早知道他们的关心和帮忙都是虚情假意，其实他们根本不能接受这样的我。要离开就离开吧，反正我也只能接受，不然能怎样！"

因为相信自己不够好，感觉别人一定会抛弃自己，所以会无意识地制造各种问题，最终迫使他人离开。最后，还会因为看到了"早知如此"的结局而泄气，变得更加崩溃和抓狂。

不断成为感情戏中的悲剧主角

易廷对感情关系的需求总是很矛盾。他明明非常渴望得到亲密关系，但话语中却充满了对他人的否定与批评。

易廷曾经有过几段恋情，但每段关系一开始，他内心就不禁开始倒数结束的时间。因为他总觉得没有人会真心喜欢自己，那些教人如何经营亲密关系的书籍，里面都是一些虚假的空言。

易廷总会表现出对恋人的不信任：他不相信对方喜欢自己，也不相信对方会在自己身边停留。他对于感情的悲观，以及态度上的反复无常、若即若离，总让恋人感到莫名其妙，压力很大。

　　然而，当对方想要面对面地与他沟通时，易廷就会闪躲，或是一副谈再多也无益的态度。最后，每段感情都是不了了之。

　　这种不明所以就结束一段感情的感觉，让易廷一直停留在消极的态度里。他总是反复回想过去那种被抛弃的感觉，不断告诫自己："我无权无势，又不多金帅气，对方离开也是迟早的事。社会终究是个现实又势利的社会……"

修复自尊　给情绪一个"止损点"

　　在长期负面情绪的压力下，低自尊的人很容易罹患抑郁症。

　　他们不断地否定自己，会导致大脑的情绪调节功能失衡。如果因自尊偏低而受到影响的情况达到了精神疾病的程度，就需要精神科医生和心理医生的双重治疗，才能真正地起到作用。

　　即使没有发展到精神疾病的地步，自尊障碍情结严重的人，也会因为对关系的无能为力，对交往对象采取更加被动、消极应对的方法，并习惯以负面的眼光看待他人。

　　如果你是低自尊者，需要先调整长期习以为常的自我评价方式。

不论是过度地打击自己，还是因过去失败的经验而深陷于自我否定的情绪中，都需要给自己一个"止损点"。

你必须清楚地知道，过度贬抑和羞辱改变不了什么，不妨理智一点，不要因为自毁性情绪的支配而完全放弃经营自己的人生。

"希望有个人全然地爱你、喜欢你，即使你以再恶劣的态度对待他，他都愿意一直陪着你，这才是真爱"——这种想法是不成熟且不理智的。

这种想法不仅物化了关系中的对方，将其视为"非人"，还以妄想的方式拒绝与对方的真实接触。如果你自己都不爱自己，为何要把这样理想化的期待加诸其他人身上呢？事实上，你真正要做的是与自己和解，这是一切人际关系开始的基础。

给自己力量　抛开对过度理想化情感的期待

希望一个人全然地、无条件地爱自己，这样过于理想化的期待，只会让你感到挫败。如果不及时调整标准，无疑会让自己陷入"没人爱"的负面想法和忧郁情绪中。

爱是需要符合客观现实，并且具有"人性"的。世界上大部分的人都在为自己的人生而努力，在自己行有余力的情况下，给予其他人关爱和支持。

一个人，只有当自己心智健全时，才能在感情中与对方相互扶持。没有一个人的存在，是为了负担另一个人的依赖。以依赖和无限索取来获取感情，不仅会让自己活在失去对方的恐惧不安中，而且两个人之间也无法建立起真实亲密的关系。

Shift Thinking

我们真正要做的是与自己和解，这是一切人际关系开始的基础。

17 把别人的拒绝，视为轻视和否定

"拒绝"之所以令人难以接受，是因为我们觉得：

如果你断然拒绝我，就等于在说"我们没关系"，或是"我不在乎和你的关系"。

我一再强调，低自尊者的特征主要表现在对自己的感觉很负面，以及怀疑自己的价值方面。因此，这些人很容易就认定别人是不喜欢自己的。

低自尊者会从对方的表情、言行举止和说话态度，搜寻自己"被讨厌"或"被排斥"的信号，并视之为敏锐的直觉。

拒绝之所以令人难以接受，是因为在重视人情关系的社会里，如果人与人之间产生关系联结，很多事情办起来就没有那么多困难和阻碍了。

所以，如果低自尊者遭到了拒绝，就等于是向他们说"我们没关系"或是"我不在乎和你的关系"，这对自尊偏低的人而言，是很严重的打击。

而且，这也验证了低自尊者心中预先设定的诸多假设：我是一个不被重视的人……天啊！我怎么做人这么失败？那些人怎么可以这样对我？

反应不如预期，就倍感失落

如果要说俊生最害怕的事，那莫过于自己的提议被否决。

无论是朋友之间出游的提议，还是他希望女友能为自己做些什么……除了迫不得已的情况，俊生绝不开口。如果俊生开了口，一旦被对方拒绝，他立刻会恼羞成怒，认为对方是故意反对自己。

尤其是每次与女友约会，俊生都会做许多安排和计划，但任何小细节，他都不希望对方否定。

俊生最常对女友发脾气的原因，就是没得到想要的回应，他厌恶这种不被肯定的感觉，像是验证了自己内在的回响："你以为你是谁，没有人觉得你很棒！"

为了不让这种烦人的声音出现，俊生用尽一切手段，迫使女友顺从自己的意见。无论是大发雷霆，或是哀怨，他只想得到他想要的回应。这样看似控制的行为，其实是为了掩饰他心中挥之不去的自我怀疑，以及被人拒绝的感受。

即便这样软硬兼施，俊生也有碰钉子的时候。每当女友不愿接受自己的安排时，在他看来就是天崩地裂。那时他会对女友口出恶言，甚至不惜以自残来要挟对方，让女友非常恐惧，也无所适从。

有一次，女友因为工作关系，无法同俊生一起去旅游，俊生不仅不能理解女友的苦衷，反而感到被拒绝，勃然大怒，用手捶打墙壁来故意伤害自己，使女友感到恐惧。

女友经常倍感压力、小心翼翼，她不知道何时俊生的坏情绪又会爆发。所以，两人的关系一直处于不稳定的状态之中。

即使这段感情经历了戏剧性的过程，俊生也不愿面对失去女友的可能。因此，在每次争吵过后，他会主动示好，安抚女友。

修复自尊 尊重自己，就是尊重别人

在情感关系中，低自尊者的高自尊需求，往往是让人倍感压力的原因之一。

这些人随时都可能因为别人的不配合或拒绝而恼羞成怒，他们还习惯用强迫手段来掌控情势，或是以受害者姿态让别人感到为难。但无论如何，这都是破坏关系的因素，也会使得感情发展每况愈下，充满着激烈的情感纠葛。

低自尊者，或是低自尊却想有高自尊需求者，都应该让对方有表达拒绝的权利。拒绝是一个人表达意愿的自由，并不意味着就是否定他人或否定关系，这是需要分开来理解的。否则，在感情中的人就会时常被对方的意愿控制，而无法感受到身处关系中的安稳、喜悦、自在。

一个拥有稳定高自尊的人，因为在心中把自己视为值得尊重的人，因此也会尊重别人。他虽在乎自己的意愿，但也不想勉为其难地迎合别人，因此比较能理解别人的拒绝也是有自己不得已的想法。

通过拒绝，了解彼此的差异

> 给自己力量

当你非常害怕被别人拒绝时，是因为你将"拒绝"等同于"拒绝你"。但这其实是完全不同的。

人们会因为很多现实的问题或情况，而必须拒绝他人。

例如：人们可能会拒绝一个提议、拒绝一个邀请、拒绝一个尝试、拒绝一个点子、拒绝一个活动……在这些"拒绝"里，有许多自我因素的考量。人们不喜欢勉为其难的感觉，也不希望因为自己一时的同意，造成难以承担的后果，因此对他人的建议必须审慎考量。

当你遭到别人的拒绝时，你不妨去试着了解为何对方会如此考量，也试着了解彼此在同一件事上的不同看法，这些都能让你客观地了解拒绝的缘由。

但不要将"拒绝"看作他人对你的否定，否则你会因为自尊的受损，而不计代价地想报复他人，这样会让对方失去对你的尊重，也会对彼此关系造成不可逆的损害。

> Shift Thinking
>
> 被拒绝时，试着了解对方背后的想法，进一步了解彼此思维上的不同。

18 害怕失去所爱，忍不住比较和嫉妒

在好不容易获得想要的感情后，
就开始害怕有"小偷"会趁自己不注意，偷走"自己"的东西。

低自尊的人，或是低自尊想有高自尊需求的人，容易在看到别人成功时，联想到自身的缺憾或不足，因此在心理失衡下产生嫉妒。

如前文谈过的，低自尊的人，怕失败、怕自己不够好。低自尊想有高自尊需求的人，会强烈地想要赢、独占鳌头，甚至无时无刻在这样的比较中竞争。

为什么自尊偏低的人会比较善妒呢？这是因为他们太熟悉被别人比下去的感觉，也太熟悉面对自己的不足之处是什么滋味。

低自尊者常常会特别留意别人受到关注、夸赞等让他们嫉妒的场景，觉得别人的成就得来全不费工夫。反观自己，不管怎么努力，最终还是得不到想要的。他们会想那些人根本没什么了不起，却得到那么多好处，这世界真是不公平。

在长久的失落过程中，低自尊者的内心深处埋下了哀怨和仇恨的种子。一想到凡事都要和别人争，他们就觉得愤愤不平，痛恨这个社会的残酷及无情。

如果终于得到一丁点儿自己想要的东西（无论是关系，还是成就），

他们是绝对不允许他人觊觎的，所以会严密地掌控一切，以防来之不易的"成果"被人窃走。

善妒，因为害怕失去

思茹与丈夫结婚九年了，这九年来，思茹每天活得都像一个"侦探"，小心翼翼地监视丈夫的交友状态、手机信息，甚至会确认车子的副驾驶座是否有其他女人的味道。即使思茹的丈夫并不是什么英俊小生，但她的心里总有着强烈的不安全感，生怕丈夫会被别的女人抢走。毕竟在她心中，丈夫触目可及的女性，都比自己优秀许多。

思茹觉得全力照顾家庭的自己，算得上一位好妻子。但她总觉得丈夫不够重视她，常常怀疑自己是不是有哪里不如别人的地方？而且，她觉得外面的女人个个都是手段高明、觊觎别人老公的"狐狸精"。所以，她总会留意丈夫的一言一行：外出时有没有多看其他女性一眼？工作上有没有对哪位女性同事印象深刻？

这一切的疑虑和嫉妒，弄得思茹筋疲力尽，也让她的丈夫觉得自己动辄得咎，仿佛必须随时澄清自己的清白。当然，不论丈夫如何表明自己的清白，甚至让思茹一一检查自己所有的通信软件，思茹心里的嫉妒和猜忌还是没减少半分。

渐渐地，思茹和丈夫之间只剩下了猜忌。两人不是在争吵不休，就是冷言冷语、互不搭理。即使两人的感情发展到了这个地步，思茹还是无法控制住心中的不安和莫名的嫉妒。

> **修复自尊** **珍惜当下拥有的一切**

善妒的低自尊者，往往会怀疑自己的魅力和吸引力不足。他们不是将精力用在如何让自己成为一个更有魅力的人方面，而是用在严密侦测可能会偷走自己"幸福"的人方面。结果，他们每天把自己弄得精疲力竭，却还是无法停止负面想象。因为他们的精力用错了地方，自然无法修复、改善内在的低自尊。

而且，他们非常害怕输给别人的感觉，仿佛那样会遭人唾弃和鄙夷，所以极尽所能地避免遭遇这种体验。

因此，当他们怀疑别人可能成为自己的竞争者时，就会开始自我防卫，并向对方展开攻击。如果对方不为所动，没有产生任何退缩或害怕的迹象，他们就会产生更多的不安和愤怒，非要对方认输不可。

其实，低自尊者要留意的，是内心的无价值感，以及害怕失败、失去的心态，而不是把别人都视作要抢自己东西的假想敌。

当人因自尊偏低而出现嫉妒他人的情结时，不妨告诉自己"珍惜当下拥有的一切"，而不是通过严密监控关系中的另一方。既然我们有想要珍惜的人或关系，那么应以温柔的力量去呵护和珍爱，而不是因为恐惧或嫉妒而失去这段关系。

请学会珍惜和呵护你所爱的人，才不会让彼此的关系消磨殆尽。

给自己力量　看见自己身上的光芒

善妒的人很容易看见别人身上耀眼的光芒，再反观自身，就会觉得自己黯淡无光。

如果想建立起良好的自尊，就要懂得欣赏和肯定自己，而不是去盲目攀比。好好成就自己这一颗钻石，肯定自己存在的光芒。每个生命的存在价值，从来都不需要通过比较的方式才能获得。与别人的良善之处共存，培养欣赏百花的能力，能让自己的内心获得平静、安定。

> **Shift Thinking**
>
> 好好成就自己这一颗钻石，肯定自己存在的光芒。

19 别人总是很幸运，我根本没那种命

**很多时候，我们都是停留在羡慕别人上，
却不想着行动起来，奋力一搏。**

自尊偏低的人，几乎只专注于自己缺乏的一面，而看不见拥有的那一面。这些人会完全否认自己拥有的一切，他们眼中的自己，是一个匮乏者。

有些低自尊者性格比较温和，不会像易妒的低自尊者那样具有攻击性和敌意。他们只是单纯地羡慕：羡慕别人的拥有，羡慕别人的得天独厚，羡慕别人轻易就能过上如意的生活。

他们当然也希望自己能得到想要的美好人生，但却不看好自己的能力，只好勉强自己接受现状，以免心中不平衡。他们也会说服自己不要去争，压抑自己的野心。事实上，他们更害怕面对冲突，那会让身心很不舒服。所以，他们总是停留在羡慕别人上，却不想着行动起来，奋力一搏。

相比那些拼命想满足高自尊需求的低自尊者，完全接受自己是低自尊的人，反而有种不再挣扎的认命感——没有就没有吧——他们心中会这样说服自己，来适应"自己无法拥有，而别人总能轻易拥有"的复杂感觉。

羡慕别人的成就，自贬身价

　　秀雅平日里总是面带微笑，和大家相处得很好。她时常夸奖别人，也不会抢别人的风头，大家都非常愿意和她来往。但秀雅之所以会这样，是因为在她看来所有人都比自己优秀、出色，而她觉得自己身上什么优点都没有，所以如果自己再不够亲和，不会懂得讨人开心，可能就没有人愿意跟自己做朋友。

　　秀雅觉得自己就像大小姐身边的丫鬟，她只能羡慕别人的风采和得天独厚。她还会提醒自己，不要不知道自己几两重，去妄想那些永远不属于自己的东西。哪怕是闺蜜，秀雅也总是觉得自己不如她们优秀，心中觉得能有这样的好朋友，真是自己的福气。

　　秀雅是家中的老二，大姐从小无论功课、外貌都常常被夸奖，个性活泼大方，又是家中第一个孩子，所以父亲特别喜欢大姐。而三弟是家里唯一的儿子，是母亲的心肝宝贝，弟弟从小要什么就有什么，而秀雅夹在优秀的姐姐和受宠的弟弟之间，在家里毫无存在感。

　　因此，秀雅怎么也无法相信，自己是可以被人喜欢和欣赏的。平日秀雅总是望着闺蜜们的风姿，心生羡慕，想着自己即便在她们身边当个陪衬也很好了。

　　因为秀雅在家中常被忽略，所以很看重与闺蜜的感情，只要是闺蜜想做的事，她都会放在首位；只要是闺蜜提出的活动，秀雅无论如何一定会相陪。可是，这么重视朋友的秀雅，心中还是很羡慕闺蜜。

她常会想，无论自己生在哪一个闺蜜的家里，应该都会比现在幸福。

秀雅羡慕闺蜜 A 可以随时出国旅游；闺蜜 B 有个相爱的男友；闺蜜 C 在职场上一直升迁。可是当她看向自己，就觉得自己一无所有，没有钱、没有男友，也没有工作成就。

"唉。"秀雅常在心中叹气，认为像自己这么差劲的人，只能做好一个帮衬角色。"好羡慕啊。"每当秀雅看着闺蜜们分享朋友圈时，就不由自主地慨叹。

修复自尊 善待他人，更要善待自己

认命的低自尊者，看似不再挣扎，接受了自己的"一无是处"，但这不等于稳定的高自尊者喜欢自己、接受自己的状态。这样做可能会给他们带来稳定感，但这种稳定感却来自他们完全把自己视为无物的低自尊心态。

他们习惯了屈就自己，习惯了以别人为中心、配合对方，这是因为他们心中完全忽视了自己，不会关心自己的感觉、需求和渴望。

认命的低自尊者，其实不需要过度去关注他人的忽略和漠视。就算得不到他人的重视和肯定，自己也可以学着自我肯定。从简单地接纳自己开始，认识并倾听自己内心的感受，这是尊重自己这个个体存在的重要方法之一。

对认命的低自尊者来说，眼里的别人都很棒、很好。其实，何不试着这样看自己呢？将自己欣赏和肯定别人的眼光（别忘了你也有正面肯定他人的能力），转向发现自己的优点和长处！

请记住：善待他人，更要善待自己！

> **给自己力量**
看见自己得天独厚的能力，创造属于自己的精彩

羡慕别人终究还是带有比较的成分。虽然这种想法没有攻击力和破坏性，但仍容易将自己摆在"不够好"的位置上，由此产生失落感和空虚感，稍不留意，还可能会侵蚀我们的自尊。

自尊，就像是自我的安全网，让我们在遇到困境时，也能确保自身的完整和独立，不迷失自我。与其时常羡慕别人所拥有的美好，不如试着关注自己，肯定自己身上也有得天独厚的能力，如果加以培养，也能创造属于自己的精彩。

> **Shift Thinking**
> 将欣赏和肯定别人的眼光，转向自己，发现自己的优点和长处。

20 希冀的完美感情，最终都成了遗憾

> 每天都在鉴定自己的不足之处，
> 这会促使自己把事情做到尽善尽美，以减少对自己的负面评价。

自尊偏低的人，每天反复回想的生活，都不是温暖、感动及美好的片段，而是自己哪里做得不够好、做错了什么等负面的经历。

一个人每天都在鉴定自己的不足之处，这会促使自己把事情做到尽善尽美，以减少对自己的负面评价。但越这样想，压力就越大，还会苛求自己，即便是小地方也要做到无可挑剔。然而，事情的发展总是事与愿违，越想把所有细节掌控好、计划好的人，越容易因为一些突发情况而失控，最终懊恼不已。

正因为他们不断地质疑和打击自己，因此，低落和沮丧的情绪往往难以消散。这些内心深处的痛苦深渊，也只有他们自己知道。一旦不小心跌落其中，就算花费好几个小时、好几天的时间，都出不来。

无法弥补的遗憾，伴随我们成长

人人都说士鸿是个完美主义者、责任感强的人。其实只有士鸿自

己知道，他有太多不足，因为害怕被人看出破绽，才会认真规划每件事，并且来回检视。

比如和女友约会前，士鸿会反复确认订位、安排是否有按照计划进行。只要有一个小小的差错，让事情脱离了预定的轨道，士鸿就会为此懊恼许久。

即便女友并无任何不满，士鸿仍然无法摆脱内心的挫折感和沮丧感。"我就是这样，什么事都做不好"，这是士鸿脑海中循环播放的自贬语句。而每次约会结束后，士鸿都会长舒一口气，心里一点也不轻松，完全感受不到情侣相处应有的甜蜜。

虽然女友常常夸奖他细心、值得信任和依靠，但士鸿总觉得自己配不上那些称赞，总会想那些只是女友为了安慰自己才说的。面对女友的赞赏，他非但不能坦然接受，反而充满了怀疑和不安。

士鸿想起小时候有次考试不小心丢了两分，不仅被父亲责备、数落，而且被母亲反复质疑。此后，当他准备做一些重要的事时，母亲都会一再问他："你真的准备好了吗？不会出错吧？"这像是士鸿永远醒不过来的梦魇，好像无论自己多么胸有成竹，还是会在最后丢了分数，以致造成无法弥补的遗憾。

修复自尊｜在心中拥有能接住自己的安全网

如果我们希望让自尊处于稳定的状态，就需要做到：认识自己、接纳自己、对自己满意。这三个方面，只要有一部分没做好，自尊就很难稳定。因此，"如何对自己满意"是我们修复自尊时需要学习的课题。

我们需要撕下过去因为受挫而自行贴上的负面标签，比如将自己定义为失败者、成事不足者等。

当我们不断强化对自己的负面定义和评价时，就是在暗示自己注定失败，并且真的会造成失败的结局。虽有"失败乃成功之母"一说，但一再受挫，只会让自己越来越沮丧和无力。

所以，请试着增加让自己成功的心理暗示。在意识上，激励自己成功，有能力达成自己想要的结果。同时，不要过于关注小细节，换个角度看看事物的本质或者整体的呈现。试着告诉自己：我很满意这一次的结果，也很满意自己的付出和努力。

当成功经验逐步累积，自信就能慢慢增强。千万不要养成自我暗示的习惯，并停止反刍思考，以免让自己跌入无边的情绪黑洞中。

在内心构造一个能接住自己的安全网，既能看见自己大部分做得好的地方，也能宽容自己小部分做得不足的地方，让自己平静地接受每一次的表现和结果。

学会肯定自己

> 给自己力量

不要小看自我暗示的力量。不管是有意或无意，当你习惯性地对自己所做的事或行动抱持怀疑，或认定自己一定会搞砸时，事情可能就会真的朝着出错和失败的方向发展。所以，请多练习正向鼓励的语言，引导自己前往成功的方向。

认识自己、接纳自己、对自己满意，才能一次次看见自己的成功之处。

> **Shift Thinking**
>
> 看见自己大部分做得好的地方，宽容自己小部分做得不足的地方。

Chapter 3

不幸是我们主动选择的吗？

低自尊的成因

低自尊的人总在不知不觉中，

为自己选择"次等"的东西，

对于真正"好"的东西，

反而不敢接近或接受。

这都会让自己在生命的重要时刻，

背离了真正的意愿，做出错误或不幸的选择。

Introduction
引言

　　自尊偏低的人有一种奇怪的想法，对于别人的鼓励或肯定的言语抱持怀疑，并在心中反问："怎么知道他对我的肯定就是真的呢？也许是看错了，或是还没有认清我吧！"

　　这时，我想请低自尊的人思考一个问题：按照你的逻辑，是怎么认定自认为不够好的那部分呢？这完全可能是你给自己下的错误的定义。

　　面对外界的评价，低自尊者善于为自己筑起一个迷宫，让自己迷失其中，找不到出路。因为他们很害怕被欺骗、被当作傻子，所以宁愿不相信别人说的话。

　　然而，他们的质疑通常是针对那些肯定他们的人，因为他们害怕有一天会让对方感到失望。如果他们相信也接受了，而原本夸赞他们的人下一刻又变成了批评他们的人，那怎么办？他们害怕面对这样的失落和打击，更害怕想象中的挫败会发生在自己身上。所以，他们虽然会被肯定自己的人所吸引，但在行为上却会和对方辩驳，甚至推拒否认："其实我不像你说得那么好。"

　　这种行为和态度上的矛盾，像是一种心理游戏，低自尊者可能会在这个心理游戏中乐此不疲。出于对自己的负面认知，他们认定自己命不够好、人微言轻，才会经历这么多无可奈何的遭遇。

　　因为"以自己为耻"的想法根深蒂固，因此在不知不觉中，总会为自己选择次等的东西，不敢选择自己真正中意的；因为觉得自己不够资格，或害怕自己配不上，所以对于真正好的东西，反而不敢接近或接受。这都会让他们在生命的重要时刻，背离自己的真正意愿，做出错误或不幸的选择。

本章主要是探讨低自尊形成的原因。通过追根溯源，帮助你翻转那些扭曲的、不合理的信念，从而善待自己，并从内心深处开始修复自己，重新相信自己：你已经够好了，你只需要接纳原本的自己，并相信自己是可以创造理想人生的，就可以了。

21 真正的自己，从未被接纳过

**我们以为只要符合父母的期待，
就能成为他们愿意爱的孩子。**

一个生命在诞生之初，有很多会影响到自尊发展的重要因素，其中一个关键因素是：在我们出生的当下，是否能感受到"自己被原原本本地接受"。

这代表着，排除性别、长相、外貌、气质等因素，自己是否能被亲生父母及其他亲人完全地接受？

这样说好像很奇怪，孩子都生出来了，父母亲友还能不接受吗？

事实上，有许多生命，正是在不符合父母或亲人期待的情况下出生的。因为父母之间复杂且纠葛的关系，让一个孩子从出生之初，就感到"自己是不被接受的"，甚至成为父母的"出气筒"。

不被亲人爱的孩子

晓倩，名字中有一个倩字，音同"欠"，是父亲用来提醒母亲她欠了李家一个儿子。怀孕期间，母亲一直不愿意预知腹中的胎儿是男是女。因为她知道，如果胎儿不是儿子，自己必然会遭到冷嘲热讽。

晓倩出生的那一刻，当爷爷、奶奶从爸爸的口中得知生的是女儿时，爷爷立刻对奶奶说："走了，没什么好待的。"老两口叹气离开，留下满腹辛酸苦楚的母亲，和注定得不到爷爷、奶奶关注的孩子。父亲也没给母亲好脸色，一直说她没用，没为他争一口气。

还有一个例子：有贤是家中最小的孩子，上有两个哥哥和一个姐姐，排行老四的他，是父母意外怀上的。他和两个哥哥分别差了十岁、八岁，和姐姐也差了五岁。

从他记事开始，总会听见哥哥和姐姐们有意无意地说："为什么要生下这个讨厌鬼？""可以不理他吗？"

虽是家中最小的孩子，但是父母也没有放很多心思在他身上，反而经常说："年纪这么大了才生你，真是欠你的，累得要命。"

每当有贤听到这些话，心里就感到受伤，觉得自己在这个家真是多余，也不知道自己为何要出生在这个世界上。

接纳原本的自己，才能茁壮成长

在成长过程中，我们或多或少都有过被拒绝的经历，但这些拒绝让我们受到的伤害，远远比不上原生家庭的伤害。特别是与我们血缘关系最近的父母，如果他们是最嫌弃我们的人，我们又该如何自处？

这势必会让我们产生不安全感和焦虑。

　　身为孩子，我们渴望被爱和被保护。不是每个身为父母的人，都懂得怎么爱孩子。所以，我们在不被父母、兄弟姐妹、亲戚接受时，就轻易认定是因为"我不够好""我不值得被爱"，才会遭受这样的对待。我们误以为，只要符合父母的期待，只要听话、顺从，尽力讨好他们，就可以成为他们愿意爱的孩子。

　　如此，在我们接受"我就是我"时，就误入歧途了，我们接下来做的一切，都是为了推翻"我就是我"的事实，企图成为另一个会被父母关爱的孩子。

　　但是，不懂得接纳自己，视自己为错误的存在，又怎么能发自内心地建立起良好的自尊呢？有些人甚至用一辈子的时间来"推翻自己"。

给自己力量　改变看待自己的眼光

　　你或许没有体验过"接受原本的自我"的感觉，因此总是自我怀疑，容易被他人的言语和眼神攻击，生怕自己不合他人之意。

　　过去的失落难以倒转，但你可以改变看待自己的眼光和角度。请试着真心地接受这个"原原本本的自己"，并试着相信，无论是在什么时候，这个世界都会给你留出位置和空间。同时，你也不要让别人判定你的存在价值，或你去渴求他人的认同。你要学会接纳自己，相信自己是世上独一无二的存在。

> **Shift Thinking**
> 不要让别人判定你的存在价值，或你去渴求他人的认同。

22 即使当时不能理解，伤害却已发生了

身为孩子，我们并不清楚自己经历了什么，
但即使当时不能理解，伤害却已经发生了。

很多自尊受损的人，都曾在幼年时期遭受过羞辱或惩罚。童年的心理伤害，对于我们日后的身心发展，特别是自尊和自我观感的形成，有着很大的影响力。

对许多经常打骂孩子的父母而言，他们的理由不外乎是为了"管教孩子"，却很少检讨自己的行为所带来的后果，特别是对孩子身心发展的影响。大部分时候，他们只是在发泄自己的情绪压力。

从生命各个阶段的发展时期来看，人的自尊发展始于三岁。孩子在三岁时，会因为父母的耻笑或谩骂而感到羞耻。他们会依据父母的言行举止来判断：自己是一个被尊重的生命，还是一个一无是处的存在。

研究表明，孩子在第十八个月（一岁半）时，就能清楚地意识到自己不同于其他客体。孩子知道"我就是我"：我有自己的名字、我有自己的身体。同时，孩子也能意识到"我是不是被喜爱的""我的需要有没有被满足""我是否安全"等。

有时，孩子并不清楚自己经历了什么，但即使当时不能理解，

伤害却已经发生了，并可能成为日后难以弥补的身心疾患，甚至危害到性命。

试图"喂饱"内心的安全感

　　静蕊和静香是对只差一岁多的姐妹，她们的体重都超过了 90 千克。大概从四五岁开始，"喂饱"自己就成为她们生活中最重要的事。

　　这对姐妹有着不幸的童年，父亲沉迷赌博，母亲成天酗酒，导致她们平日无人照料，没有定时的三餐，只能靠吃别人施舍的食物维生。所以，只要一有吃的，两姐妹就拼命地吃进肚子里。

　　在两姐妹可怕的童年里，父亲为了要钱会对母亲拳打脚踢，看孩子不顺眼时，也会无故打骂她们。母亲酗酒后，常常上演"一哭二闹三上吊"的戏码，边哭喊边诅咒所有人。

　　有一回，母亲可能是神志不清了，抓着两姐妹，说都是她们毁了自己的人生，用衣架狂打她们，甚至拉她们到浴室，企图淹死她们。那一次，两姐妹吓得抱在一起，想着如果不是因为妈妈跌了一跤昏过去，谁知道会不会真的杀了她们呢。

　　从那天之后，对生存的莫名恐惧总是萦绕在两姐妹的心头，而为了消除恐惧，她们就拼命地吃，体形也越来越胖，胖到爸爸妈妈再打她们时，好像就没那么痛了。

而且，两姐妹认为只要自己胖到一定地步，那些想要伤害她们的人，就会因为厌恶她们的模样而不想接近她们，这样她们也能安全一点。

她们对自己的人生既不想被任何人期待，也不想被自己期待，所以，只能通过吃东西来麻痹自己，想用宽厚的脂肪逃避经历过的情感伤害。当别人问起她们对自己的感觉时，两姐妹一脸忧伤地说不喜欢自己的样子，但这是她们能保护自己的唯一方法。

这一切不是你的错

许多心理问题甚至身体疾病的产生，都与自尊相关。自尊的损害，可能会引发各种情绪调节方面的障碍，也会让人们持续地处在情绪紊乱中，以致在面对人际关系时，因为内在的自我批判而产生大量的羞愧感，于是选择与社会隔绝。

其实，很多人在童年遭遇的境遇，往往和本身是没有关系的。有时父母不想面对人生中的诸多问题，于是将愤怒转嫁到弱小的孩子身上。孩子成为父母无力面对人生的代罪羔羊，成为父母发泄情绪、施加暴力的对象，但孩子可能误以为"都是自己的错"，才导致家庭如此悲惨、父母如此痛苦。

童年时期的黑暗遭遇，让有些孩子对什么都无能为力，甚至磨灭了对人生的希望。如果又曾被视为令人痛苦的存在，就可能会真的以自己为耻。这会降低孩子的自尊心，不相信自己值得尊重，也不再对任何事怀有希望。

> **给自己力量**

把感受还给自己

如果你习惯了冷漠无情地对待自己，甚至对自己没有什么好期待的，那么，心理创伤或许已经根深蒂固。只有经历过关爱的孩子，才会对自己、他人以及周围的事情心怀温暖。

如果你在成长过程中遭受了许多轻视、羞辱，甚至身体暴力，那么在备受痛苦时，发自本能的自我防御机制，就会让你不得不抽离自己，以无情和无感来麻痹自己，否认自己经受过的痛楚。

如果想要改变现状，就要学会爱自己，先把感受还给自己。作为活生生的人，哪怕是悲伤、愤怒、痛苦，也要试着接受，而不是让这些感受成为自我排斥的来源。请真诚地拥抱自己的生命，将自己视为一个需要好好被爱护、被关怀的人。

> **Shift Thinking**
>
> 请真诚地拥抱自己的生命，将自己视为一个需要好好被爱护、被关怀的人。

23 曾是别人情感操纵的对象

我们对家人总是无能为力，特别是对自己的父母。

作为孩子的我们，在还没有搞清楚现实世界的复杂时，就被迫置身于难解的人际关系中。尽管如此，在八岁左右，我们开始逐渐拥有一个完整的自我认知体系，发展出看待自己的眼光，也奠定了自尊的基础。

从三四岁起，我们就会留意自己是否会被别人喜欢。如果遇到不被他人喜欢，甚至被取笑的情况，我们就会觉得自己是不被看重的，进而产生沮丧或愤怒的情绪。

对于低自尊的人来说，从小到大被任意对待的遭遇——不论是成为他人发泄情绪的对象，还是被情感操控的对象——都可能是家常便饭。生活中，这些人必须仰赖某个重要的亲人来维生，如果被亲人抛弃或是置之不理，他们的内心就会充满不安和焦虑。

曾经觉得自己是父母的"累赘"

子其从小就是一个懂事的女孩。虽然爸爸不常回家，但每次回家都会弥补似的满足她的要求。子其非常喜欢爸爸送自己的各种礼物，但更希望爸爸能常待在家里。因为每次爸爸太久没回家，或是回家后都跟妈妈吵架、甩门离去时，妈妈就会责怪罪子其不懂得体贴爸爸，所以才留不住他。

　　子其不知道的是，爸爸拥有另一个家庭，那才是他名正言顺的家，而妈妈是第三者。但她当时不懂父母世界的复杂，只知道自己唯有依靠妈妈。

　　如果子其让妈妈不高兴了，妈妈就会朝她吼："那么辛苦生下你，有什么好处？你爸爸也没有对我们好一些，没有多照顾我们一些，只有我一个人辛苦地照顾你。如果你不听我的话，就滚去别人家，不要再做我的孩子。"

　　每次子其听到这些话，心里就会充满委屈和痛楚，她不知道自己究竟做错了什么？为什么妈妈把自己当仇人一样？其实，子其很爱妈妈，也很在乎妈妈，如果能让妈妈每天都开心快乐，她什么事都愿意做，但她不懂为什么妈妈总是对她发脾气，轻易说出不要她的话。

　　她很想问妈妈：我怎么做你才会满意？我怎么做你才会快乐？为什么有我的你，一点儿都不快乐？难道是因为有我这个累赘，你才会这么不幸吗？

幼年的自我设定，往往并非事实

几乎每个孩子，都想为了受到别人关注而努力，而且从很小的时候就开始努力了。

所以，当我们积极表现，努力讨好，希望得到父母的赞赏和看重时，却发现无论自己怎么努力或讨好，在父母眼里，仍然是无足轻重的，仿佛我们的一切都是不重要的。那么，这无疑会在我们稚嫩的心里，埋下自己一无是处、什么也改变不了的无力感，只能任由他人任意对待。

当然，这不是事实，我们可以影响的、可以改变的有许多地方。但由于我们自小的经历，对自己的家人总是无能为力，特别是对自己的父母。于是，我们产生了心理障碍：不仅难以和父母进行情感交流，甚至无法进行沟通。对父母而言，我们人微言轻，只能任由他们处置和对待，在这样的情况下，我们如何相信自己有力量改变现状呢？

给自己力量｜选择正确的人和事，进入你的生命

或许，过去经历的许多事情，让你越发深信自己是卑微的、可以任意被人欺负的。但这些负面的自我设定，是你不断被轻蔑、被贬抑、被漠视的源头。

实际上，没有人能够强迫你一直忍受糟糕的现状，以及遭受别人任意的情绪发泄或情感操控。如果你开始重视自己，开始尊重自己，并且以尊重自己的态度，与他人进行交际，并且会辨识何谓尊重、何谓不尊重的对待，那么你的人际关系就会好很多。

所以，让我们开始学习，选择正确的人和事，远离不尊重自己的人。

> **Shift Thinking**
>
> 让我们开始学习，选择正确的人和事，远离不尊重自己的人。

24 惯于接受负面评价的人

无法辨识那些带来负面信息的人，往往是产生问题的根源，而把对方的评价视为理所当然，就会活在自卑中。

一个充斥着负面信息的生活环境，会让人觉得情绪紊乱。如果这种负面的信息是针对某个人的，那么这个人就会难以抵挡其影响。即使一个人有着良好的自信和自我观感，也可能受到负面信息的伤害。对于曾生活在充满负面和否定信息环境的孩子来说，他也会不自觉地认定这些信息是合理的存在。

诸如斥责、批评等负面的信息，即使孩子听了一时很不舒服，但也会因为年纪尚小，而在不知不觉中接收。而且，他们会把那些信息合理化，认定是因为自己愚蠢、能力差，才招致的责备和不满。

孩子很难站在一个客观的角度，去全面地理解一件事。而许多家庭问题的起因，在于孩子的父母欠缺爱的能力，这就使得他们说出的一些话、做出的一些事，显得冷漠无情，让孩子觉得受到了羞辱。

无法辨识那些带来负面信息的人，往往是产生问题的根源，而把他人的评价视为理所当然，就会活在自卑中。

特别在意权威人士的批评

在成长过程中,月琴一直不太喜欢自己。而且,她还会特别注意自己做事时,别人是否会对她投以鄙视的目光。

月琴特别害怕那些权威人士或强势的人,但她又偏偏特别在意这些人对她的看法。即使她清楚地知道,有些权威人士或强势的人,常以自我为中心随意评论他人,而且说出来的话很刻薄,但月琴还是无法避开那些负面话语的侵扰。那些话语,就像是她的妈妈从小到大对她说的一样,没有一句好听的话。

月琴的妈妈可能是无意识的,她不知道自己在父权思维的塑造下,从男尊女卑的角度来对待自己的女儿。她自己就是这样长大的,所以她把自己承受过的羞辱和轻视视为理所当然,也要让月琴接受这些。

然而,月琴并不知道母亲过去是如何被对待的,又是如何认同了那些对待,才会用几近无情的方式对待她。在这样的生活情境下,虽然月琴对自己被否定、被鄙视的遭遇,会感到伤心难过,但她仍悲观地将其视作是自己摆脱不了的命运。

你是好人,但不是弱者

低自尊的人在面对负面话语时,会不自觉地认为那些话就是在说自己。由于内心无法肯定自我价值，他们不敢抗拒和反驳那些强势的人，也无法阻止那些话语进入他们的心中。有时候，他们还会听得格外用心，好像要把那些负面话语刻在自己的骨子里，让自己从里到外都一并被践踏。

惯于接收负面评价的人，心中都怀有无限的恐惧，害怕弱势的自己无法与强势的人抗衡。于是，他们把自己看低、看轻，好让自己不要尝试去对抗。他们不断加深自己是弱者的观念，任由别人欺凌。但这样做反而让他们处于受害者的处境中，感到无能为力的同时，遭受伤害。

给自己力量 练习对自己说"不"

你可以练习对自己说"不"。虽然幼年时，你只能任凭强势的父母随意批评你、轻视你、贬抑你；但长大后，你有权利和能力自行决定一些事情。

当你不想让别人以负面评价伤害你时，你可以试着阻挡那些信息进入你的心中：不看、不听、不接触，因为这都是你的权利。

当别人以负面、糟糕的方式对待你时，请你不要轻易地认同，甚至认定自己必须无条件地接受那些无理、无礼的对待。

如果一个人不懂得尊重他人，那么你也有权利，不给对方和你接触的机会。因为如果连你都认为自己不值得被尊重，那他人也不会尊重你。

> **Shift Thinking**
> 　　当我们不想让别人以负面评价伤害自己时，就要阻挡那些信息进入自己的心中。

25 因为害怕失败而自我设限

我们以为只要先告诉自己"我做不到",
即便最后事情失败了,也能保住自尊。

自尊偏低的人,时常会凭着负面信念,来认定自己"做不到"。这也属于一种"自我阻碍"或"自我设限",当自己还没开始努力时,就先告诉自己"做不到",好像这样就不会受到失败的打击。

这也算是一种自我保护的策略。因为害怕不能成功,就干脆接受眼前的失败。虽然看似矛盾,却是低自尊者的惯用策略。

爱情失败恐惧症

宇翔很心仪一位同部门的女同事,虽然两人有不少互动的机会,但宇翔一想到跟对方告白,心里就七上八下,不知如何是好。

宇翔不知道该如何与对方接触,又该如何观察对方的喜好,以进一步地得到更多相处的机会。他觉得自己条件不好,就算女同事勉强和自己在一起,很快也会觉得乏味和厌烦。于是他不去想如何积极地与对方接触,反而要自己打消念头。

宇翔已经不是第一次这样了。以前，只要有一个他还算喜欢或欣赏的对象出现，他总是说服自己不要去告白，不要自取其辱，到时候被拒绝只会让自己更难堪，搞不好连朋友、同事都做不成了，岂不是很糟糕？

所以，宇翔总是看着喜欢的女孩子，一个个有了心仪对象，一个个去谈恋爱、结婚。而那些女孩子，没有谁知道自己曾经被宇翔喜欢过。但这反而让宇翔松了一口气，想着还好是这样，如果试着告白了又被拒绝，自己真的要钻到地洞里，不想再面对这个世界。

像宇翔这样有着"失败恐惧症"的人并不少，为了不让自己经历极度恐惧的失败，宁可一开始说服自己会失败，让自己停止努力，或不要企图尝试。说到底，就是害怕自己努力或尝试过后，如果失败了的话，那种打击是自己难以承受的。

为了符合自己注定失败的设定，低自尊者习惯了否定自己，并且不断强化否定自己的信息，说服自己"我不会成功""我没资格幸福""我不可能办到"等。这不仅要压抑自己获得成功和幸福的渴望，还要抑制自己的努力动机，而这一切都只是为了让自己"按兵不动"。有些低自尊者甚至会轻易接受倒追自己的人，以为这样才能表示自己是占上风的，不用担心被拒绝或被抛弃。

把失败视为一种经验

当我们过度关注结果，就会忽略过程中值得领会和学习的地方。

对你来说，也许只有结果重要，只有结果会被在乎，以致你也被影响了。其实任何事情都有失败的可能，但你放大了失败的可能，不断强化自我否定的信念。

这可能源自你过去得不到或求不得的经历，以致不自觉地说服自己放弃追求成功，并说服自己只会得到失败。

你执着于自己注定失败的信念，因此试图让自己对任何事都放弃努力、拒绝尝试，这是你认为最安全的方式——"不企图成功，就不会面临失败"。这种害怕失败的恐惧症，即便能让你不用接受面对失败时的致命一击，却也让你不断失去收获各种经验的机会，让生命徒留许多空白和遗憾。

人生中，不怕失败的好方法，就是把失败视为经验，而不是视为结果，更不是视为生命中的结果。让我们通过失败的经验缔造成功，把失败当成自己迈向成功的垫脚石，而非绊脚石。

> **Shift Thinking**
>
> 不怕失败的好方法，就是把失败视为经验，而不是视为结果，更不是视为生命中的结果。

26 被僵化的信念绑架

由于自尊偏低，所以容易矮化自己，
容易将一些所谓的道理，视为不可忤逆的"圣旨"。

自尊偏低的人，常常会以各种教条和道德标准审视自己。对他们来说，这些脱离了情境考量的教条和道德标准如同法律，必须时时用来审视自己。

这类低自尊者，在早年生活中可能经常遭受别人的恐吓或指责，以致非常害怕自己出现道德或伦理上的瑕疵。

如果他们曾经被指责过不孝、自私等，之后就会在许多事情上，以是否不孝、是否自私等来审视自己，甚至会严厉地斥责自己不孝、自私等。同时，他们也会这样严厉地审视和指责别人。

他们的脑子里装满了训诫和教条。如果有人对他们说"放轻松，没关系的，不要对自己这么严厉"，他们就会像过去训诫自己的人那样，激动地反驳道："怎么可以这样！做人做事就应该要坚守这些道德与伦理。"此时的他们，像是道德或模范的护卫者，认定这个世界应该有明确的是与非。

这类人由于自尊偏低，所以容易矮化自己，容易将一些所谓的道理，视为不可忤逆的"圣旨"。只要某个人成了他们崇拜的对象，那个人所说的话，就会成为他们眼中的规矩。他们害怕一旦触犯这些"规矩"，自己就有了瑕疵和缺陷，就成了罪恶之人，却不去反思为什么自己要如此神化那个人。

如果探究其中的心理机制，我们会发现，低自尊者很担心自己薄弱的力量和意志受到迫害，因此渴望被强而有力的权威人士"接受"，以此逃避无助感和恐惧感。

为了能被强而有力的权威人士"接受"，他们自愿被对方说的话控制。他们几乎没有能力去抵挡这些控制，这不只是因为他们害怕被排挤，也是想着通过接受权威人士的"帮助"（实际是控制），来提升自己原本弱小的自尊。

逃不开的家族命运

红英的母亲是一位十分严厉的女性，在红英还小时，就教给她许多做人做事的道理。母亲施加给女儿各种教条，唯恐自己养出来一个不知检点、放荡不羁的女儿。

红英的母亲，也有一个严厉到近乎神经质的母亲，也就是红英的外祖母。由于红英的外祖母是外曾祖父的私生女，从小就被严厉对待，时常被人说是"不知检点"的女人生的，内心很不是滋味，越发感到卑微，别人要她做什么就做，既不反驳也无怨言。她努力证明自己可以成为一个好女人，不仅知道礼义廉耻，而且还想让别人对她刮目相看。

当红英的母亲出生后，可想而知外祖母会如何教导自己的女儿。从母亲懂事开始，外祖母就不断灌输她各种理念，诸如：好女人要知三从四德、要行为端庄、不能有任何不知廉耻的举动。因此，红英只要做了"女孩子不该做"的事，母亲就会严厉地责罚她、训诫她。有时候，红英还会承受难听的辱骂，但她只能默默忍受。

红英仿佛逃不开这种家族命运。无论她怎么努力地证明自己，心中还是会有那种令人痛苦和不安的自卑感、羞耻感。

远离那些"只有我懂你"的心理操控

有时候，人并不需要用各种教条或道德束缚自己，以此证明自己是奉行道德礼教的人。这种矮化自己的行为，会让自己在遇到权威人士时，沦为那个群体关系链的最底层。一旦遇到自认为地位比自己低的人，他们又会以自己经历过的严苛对待来训示对方。如果对方有一丝质疑，他们就会表示轻蔑。

那些曾被羞辱过，或自尊遭受过挫败的人，如果无法意识到自己的自尊曾遭受了何等伤害或控制，就很容易依附权威人士的严厉管控，或是别人（比自己地位低的人）的严厉管教，上演"我懂""我知道你是为我好"的心理被操控游戏。

给自己力量 回到现实，解开心灵牢笼

好好面对自己内心的声音：你害怕自己有道德瑕疵、自己心灵不洁净、自己灵魂有缺陷……这都属于神经官能症，与你的自尊有关。当你瞧不起自己，就会视自己为污秽之物，而努力证明自己可以站在洁净者的一边，这实际上又是一种内心的分裂。

你真正要面对的是自己内心的恐惧。你为什么这么害怕触犯那些教条？是你太害怕被人谴责，还是太害怕产生罪恶感？这些可怕的教条，是否来自你生命中的某个人，由他灌输给了你，还是他曾以此苛待过你？

要去解开这些心灵牢笼并不容易，但你必须要先回到现实。

每个人都要为自己的所作所为负责，但各种抉择和考量都不能用道德伦理一概批判。如果缺乏理性思考，那么任何道德教条都不能启蒙我们，只会绑架或操控我们的心智，让我们失去自我。

> **Shift Thinking**
>
> 这些可怕的教条，是否来自你生命中的某个人，由他灌输给了你，还是他曾以此苛待过你？

27 害怕自己输给别人

> 我们总害怕在别人过得好时，自己却过得不好；
> 或是在别人功成名就时，自己却一无所成。

自尊偏低的人，为何其自尊常常处于不稳定的状态？这是因为：他们每时每刻都需要和别人比较，以此来估算自己的价值。

相比稳定的高自尊者，低自尊者不清楚自己的真正价值，也不知道如何洞悉自己的天赋和才能。因为在低自尊者的生活里，大部分的时候，他们都是关注着别人，根据别人的反应来决定自己该怎么做。他们不会花时间来了解自己、认识自己。

如果他们看见别人做了一件事会被称赞，他们就会模仿别人去做那件事，以此证明自己的价值；如果他们看见别人因为拥有什么而受人欢迎，他们也会想着拥有那件东西。

所以，如果低自尊的人没有一个可以追随的对象，就会失去生活目标，就会不知道自己要为什么而努力，为什么而前进。

低自尊的人最怕别人问自己"你真正想要的是什么？"或是"你想要什么样的生活？你希望成为什么样的人？"低自尊的人可能会回答："有着像 A 一样的学位、像 B 一样的外貌、像 C 一样的工作……"总之，他们很难反观自己，察觉自己真正想要获得和实现的是什么。

不想被比较，又忍不住一争高下

亚涵生长在一个人丁兴旺的大家族里。由于和叔叔、伯伯住在同一栋楼，所以她从小就和很多堂兄弟姐妹一起长大。虽然亚涵有自己的弟弟和妹妹，但最常被父母拿来和她比较的是伯父的二女儿和叔叔的大女儿。因为年纪差不多，父母总会比较她们的学业表现。

亚涵记得，当堂姐开始会说几个英文单词时，她就被父母取笑没堂姐聪明。当堂妹因为作文比赛得奖时，她又被讽刺："你的作文根本不能看，不知道在写什么。"

在堂姐、堂妹开始学习各种才艺后，妈妈要她也去学那些才艺。每到周末和假期，亚涵就有上不完的钢琴课、舞蹈课、奥数课和美术课。尽管如此，亚涵还是让自己尽可能地去学习，希望自己有可以让父母称赞的表现。

亚涵特别讨厌看见爷爷、奶奶称赞堂姐或堂妹的样子，好像只有她们是家族的骄傲。亚涵觉得自己学习刻苦，只是不像堂姐总是可以拿到满分，也不像堂妹总是可以拿到奖状。她心里不服气，认为父母看不到她的付出，不肯定她的努力。

对亚涵来说，这样的成长环境对她最大的影响就是：她痛恨被人比较的感觉，那会让她感到愤怒；但她又忍不住一争高下。她很害怕看到别人有什么了不起的成就，很害怕如果自己不努力超越别人，就会很快被比下去。

把能量用于自己的人生目标上

许多人都想要获得成就，也想要出类拔萃，证明自己有能力。但低自尊的人没有把大部分能量用于获得成功和累积成就上，而是用在了"担心自己输给别人"上。

因为十分担心别人的优秀表现会显得自己无能，低自尊者还会暗暗地诋毁别人，以此安慰自己"别人没那么好"。比如："对，他这方面是很厉害，但其他方面就难说了"，或是"要不是他家有钱，花了那么多钱学习，他的成绩很难做到那么好"。

低自尊的人总害怕在别人过得好时，自己过得不好；或是在别人功成名就时，自己一无所成。因此，他们总是花费很多力气，观察着别人的一举一动，常看别人有什么成就，以此判断自己目前是输是赢？

实际上，这是因为他们无法专注于自己的人生轨道，无法专心经营自己的人生所致。如果没有假想敌、没有对手，低自尊者就无从判断自己是好还是坏，是成功还是失败。

> **给自己力量** 今天的你，只要比昨天多成长一点就好

你在过去可能习惯了被人拿来比较，因此也习惯了通过排名、比

分，和同龄人比较，以此判断自己表现得好不好。这些经历让你督促自己保持进取、获得成就，以致深陷在比较的泥潭中而不自知。

你需要明白的是，过去的你因为常常被拿来比较，或被父母作为炫耀的工具，所以误以为只有拔得头筹、引人欣羡，才算是风光。但这样的炫耀或欣羡只是一时的，每个人真正要面对的是自己的人生，以及自己是否真的幸福、安稳。

如果迷失在竞争的游戏里，以为这样才能走向成功，那么即使赢了，也只能用一个"累"字来形容。所以，真的要比较，可以拿今天的你和昨天的你比。看看每一天的自己，是否都比前一天多一点成长，多一点历练。这样的比较，会让正面的声音回到你身上。

Shift Thinking

每个人都想要功成名就，但不要把能量用于"害怕输给别人"上。

28 太看重对方，又太看轻自己

如果我们可以平等看待所有人，就不会有高低之分；

如果能与更多的人建立温暖、亲近的关系，就是做人上的一大进步。

自尊偏低的人会在心中放一杆秤，称称自己和别人的分量。如果认为自己比对方分量重，就会把自己的地位抬高；如果认为对方的分量重，就会把自己的地位放低。这种先估算对方的身份、地位，再决定是否要看重对方的行为，是一种心理层面的衡量。

根据"人际沟通分析理论"（Transactional Analysis），当我们与别人交流时，内在的心态可归纳为四种模型：

第一种：我很好，你也很好（I'm OK, You're OK）。

这种人比较自信，有着稳定、积极的心态，也是心理健康的象征。拥有这种心理建设的人，能很好地解决生活中的问题，并且能接受和尊重每个人的个体性。

第二种：我很好，你不好（I'm OK, You're not OK）。

这种人一般自大傲慢，容易怀疑他人，觉得自己比较单纯且是完美的一方，总是被他人伤害。当遇到问题时，这种人会将自己的不幸归咎于他人。

第三种：我不好，你很好（I'm not OK, You're OK）。

这种人经常感到自卑。当他们和别人在一起时，时常觉得自己是不好的、能力较差的，而他们眼中的别人是很优秀的。他们平时容易压抑自己，经常感到沮丧、失意。

第四种：我不好，你也不好（I'm not OK, You're not OK）。

这种人经常会感到茫然，容易放弃对生活的希望。在他们心中，别人不好，自己也不好，自己的人生终究没有什么好期待的。

自尊不稳定的人，其心理模式时常发生变化，可能会在第二种和第三种之间转换。当变成第四种时，低自尊的情况就会难以修复。

拥有健康且稳定的高自尊的人，属于第一种。他们不会漠视别人，也不会小看自己，既能够肯定自己，又能够肯定他人。在人际关系的互动中，第一种人可以轻松掌握和他人的距离，以平等之心对待他人。

放下人际关系的阶级之别

明珊是一个心理状态很不稳定的人，她对于自己价值的判定忽高忽低。

明珊时常以学历和职位头衔评价别人，如果知道对方是名校毕业的，就会把对方放在很高的位置上，以仰望和欣羡的态度面对对方。同时，她会觉得毕业于普通大学的自己，在对方面前抬不起头来。

此外，明珊对于比较有社会地位的职业，也容易充满敬仰。如果对方是医生、律师、会计或教授，她就会觉得对方一定是精英，一定很聪明、能力强。这时，不论对方做什么或说什么，明珊都会觉得他们是正确的。同时，她会觉得自己与对方相比相形见绌。

明珊时常把社会条件挂在嘴上。如果认识一个人，对方没有优秀的学历或高收入的职位，更没有什么可夸耀的头衔，明珊的心里就会对这个人不屑一顾。有时候，那种瞧不起对方的感觉，还会让她想要离对方远一点，好像一旦靠近对方，自己也会变成那样。

在大部分时间里，明珊在心里评价着自己，也评价着别人，还会通过这些来决定自己要跟谁来往、不跟谁来往。

明珊没有认识到，如果自己试着平等看待所有人，不再有高低之分，就能与更多的人建立温暖、亲近的关系。只是，这些都是明珊不能做到的，因为她被他人各种外在的条件所制约，一旦失去心中的这杆秤，她甚至都不知道如何评价自己。

给自己力量　做自己真正想做的事

心中充满阶级观念的人，心理建设往往不稳定，容易不自觉地与他人比较。如果比赢了，就觉得自己的能力好一点；如果比输了，就觉得自己的能力差了点。但不管比多少次，对自己的观感，还是抱持否定和怀疑的。

对自我价值不确信的人，只能靠着外在条件包装自己，认为自己每多一个条件，就能提升自己的价码，得到别人更多的称许。

但是，一个懂得肯定自己价值的人，即使没有那些外在条件，也会通过努力来实现自己的目标或计划。因为只要做好自己真心想做的事，就能提升自尊。同时，如果你认真做了自己真正想做的事，也能更加深刻地认识自己。

> **Shift Thinking**
>
> 如果你认真做了自己真正想做的事，也能更加深刻地认识自己。

29 认定自己是弱者，不愿面对冲突

如果连自己都觉得自己可以任人欺负，
又有谁会尊重和保护你呢？

自尊偏低的人，存在一个普遍问题：他们不知道究竟如何保护好自己，也不知道怎么照顾好自己。

于是，面对别人的羞辱、谩骂、人身攻击时，他们不仅不知道如何摆脱，有时候还会身陷其中，将那些恶言恶语和人身伤害，"内化"成对自己的评价。

良禽择木而栖，这是一种天性，但低自尊的人却认为自己不配拥有美好的事物。他们误以为，只有待在差的环境和关系中，才不会被挑剔、被厌恶、被羞辱。

他们希望如此选择，能为自己换来安全和舒心，却没想到不良的关系和环境，只会给他们带来更多伤害。

这种无能为力感，常反映在他们受到虐待或欺凌时，会认为自己命不好，只能任由他人摆布。但如果连自己都觉得自己可以任人欺压，又有谁会尊重和保护你呢？

这些人还会为此找借口，甚至"合理化"别人的行为。然而，这只是他们用来掩饰自己害怕冲突以及无能为力的借口。

他们认为自己的弱小已经到了无法言喻的地步。他们心中所想象的自己是蝼蚁，可以任由别人随意捏死。之所以会有这样的认知，可能是因为他们幼年体弱多病；或是曾活在暴力的威胁和恐吓中。

现实生活中，他们没有可以安心依靠的对象，也没有多少安全感。所以，他们内心永远像是一个弱小无助的孩子。

在幼年时期，每个人都需要通过照顾者的保护和关照，确认自己是安全的。因为有一个稳定的照顾者存在，生活会得以安稳。遇到危险或受伤生病时，这个安全、稳定的照顾者，会成为自己内心的力量。

而如果早年的生活中时常发生伤害事件，保护者的保护又不力，我们内心就会埋下恐惧和无助的种子，长大后面对他人时，只能处于弱势地位。

过度夸大自己的弱势

琼意的身上总是散发着一种弱者的气息。只要有人说话大声一点，她就忍不住心跳加快、胃部抽搐，很想躲避外界、隐藏自己。她向来不敢与人争执，只要遇到言语不合的情况，就会保持沉默，以此转移对方的注意力。

但琼意不是每次都能顺利躲避或转移冲突。如果遇到别人得理不饶人时，她就会说不出话来，头脑混沌，不知如何应付。在这种情况下,琼意心里有种莫名的委屈,好像自己只能被人欺负。她弄不明白,为什么人们沟通时不能斯文一点呢?

琼意经常觉得自己像一只小白兔,而丛林里满是嗜血的狼和冷酷的猎人,但凡遇到危险,自己只能任人宰割。其实,这种过度夸大自己弱势和无能为力的情况,是一种神经官能症。

神经官能症多属于心因性疾病,但却会造成心理上的强烈痛苦。简单地说就是:这种人会无意识地扭曲自己的信念,认定自己的弱小和无能为力,并夸大他人的强大及威胁,以为只有这样才能避免冲突。

别让自我成长停滞

神经官能症,大多出于幼年时期曾受到威胁的惊吓经历。如果周围还有强悍、霸道人士的存在,这些人就会加深自己的弱小及对他人的恐惧。

然而,多数人都会在成长过程,通过一次次面对实际的考验和磨炼来成长:虽然幼年的我们保护不了自己,但长大后,我们就会具有应对不合理处境的能力,借此逐渐改变早年过于主观的认知,并能真正地了解情况、分析问题,并获得解决问题的能力。这是成长的意义。

但若有人因为诸多因素,无法重新检视事实,而对自己抱持僵化的认知,越发认定自己的弱小及无能为力,就可能让自我成长停滞,甚至退化到必须依赖他人的地步，以此确保自己能够生存下去。

虽然这样的人格发展历程，不能只用低自尊解释，但如果不是基于低自尊的自我状态，也不会持续地弱化自己，并不断地剥夺自我成长的机会。如果我们连自我都摒除、漠视、忽略，又怎么可能知道如何爱护自己、照顾自己呢？这无疑是缘木求鱼。

给自己力量 建立"我做得到"的信念

那些在生活中时常被别人任意对待的人，他的主体性是被漠视和被忽略的，甚至任人支配和控制的。在如此情形下，他又怎么可能保护自我，让自己茁壮成长呢？

在日常生活中，如果一个人为了避免冲突，求得风平浪静，总是任人支配及控制，那么这个人的自我，就会受到压抑。当自我被扭曲了，内心就无法获得健康和稳定的成长，他的所知所觉、所思所感，都会在这一连串的经历中被消除，原本可以培养出来的能力，也就被抑制了。

这就是为什么有些人年纪大了，内心却像是孩子，而且像是一个没有思考能力、不知如何处理各种事务的孩子。这些人仿佛没有经历过成长，对于如何建立人际关系更是一无所知。

事实上，剥夺一个人的成长能力，让他处于发展迟缓的状态，是可以人为操控的。只要剥夺他的学习机会，隔绝人际社交，那么这个人的自我发展就会因此封闭或退缩，并遭受难以弥补的缺失。

所以，如果你想锻炼自己，提高自尊，就不要再以过去的眼光认定自己，同时不要因为那些恐惧和不安的情绪，或退缩或封闭自己，或习惯性地以回避或躲藏，来面对生活中的问题和人际关系的冲突。

请不要压制或剥夺自己的内心世界，让自己拥有成长的机会！

> **Shift Thinking**
>
> 不要让内心永远处在孩子的状态，要让自己拥有成长的机会！

30 曾在幼年时过度检讨自己

当关系到自己生存的安全感时，人人都会受制。

自尊偏低的人，在幼年时可能经历过被强迫检讨的情况。在那些过度检讨的日子里，他们还常被无端扣上"一切都是你的错"的帽子。

这种把所有问题都推给一个孩子的行为，往往来自一对具有戏剧性人格的父母。这种父母习惯性地夸大事实，用不切实际的描述，简化问题的缘由，将责任推到一个没有辨识能力的孩子身上。于是，弱小无助的孩子，就会错误地产生"一切全是自己的错"的想法。

这本身就是一种谬论。诸如父母因为糟糕的婚姻而痛苦，或是无法面对经济压力，或是日常感到不顺心等，如果父母觉得难以承担、应对这些困境，为此心乱如麻，孩子又怎么有能力去解决呢？

但许多不愿意承认自己能力有限，不甘心屈服、示弱，不觉得自己会有情绪困扰的父母，往往会将内心的压力和痛苦，归咎于没有能力保护自己或无法为自己辩护的孩子、老人身上。

老人和孩子需要依靠别人来生活，他们为了生存依附于其他人，做不到独立。所以，即使被自己所依附的对象恶意对待，也只能被迫承受。毕竟，这关系到自己生存的安全感，于是只能受制于人，只能如此。

这些孩子或老人或许没有活在像灰姑娘那样孤苦无依的处境中，但却可能活在一个备受挑剔的生活情境中。不论自己做了什么，总是被迫检讨，或是直接被否定，好像自己没有能力和权利去做任何事情，如果做了只会被纠错或被责备。

从未被满足的情感需求

不论在家里做什么，美伦都经常被父母责骂。

比如，如果她写作业写得比较久，就会被说："你怎么那么笨，作业要写那么久？"如果她回家晚了几分钟，就会被说："你是不是在路上玩到忘记要回家了？也不知道要回家帮忙做家务。"如果她想要参加学校的郊游，就会被说："家里为了养你老是花钱，你竟然还想要钱出去玩！"

在美伦的记忆里，如果她说出想要什么，不仅得不到，还会被数落一顿，父母会说家里经济不好，供养她上学已经很不容易了。

自小最常听到的那几句话，她都会背了："都是因为你，家里才那么不好过""都是你这么不懂事，我才那么辛苦""都是你不够聪明，才会制造那么多问题和麻烦"……美伦经常告诉自己："这个家就是因为有了我，才会变成这个样子，一切都是自己的错。"

美伦长大后，只要赚了钱就寄给家里，一有奖金就买好东西送给父母。她以为只要这样，自己就能稍微被家人肯定：有她这个孩子，是这个家的福气。但buy的东西，总会被父母嫌弃，不是被说浪费钱，就是被说一定赚得很多，却只给家里寄一点钱，是个自私自利的孩子。

美伦听到这些伤人的话，总是难过到流泪，不懂为什么自己在家人眼里那么惹人嫌，没有一件事做得对、做得好呢？从小到大，家里一有不顺心的事，就会被父母说："都是你害的，你就是来讨债的。"可为什么自己生来，就不被喜爱、不被接受呢？

这些想不通的问题，总是纠缠着美伦。虽然她从来感受不到亲情的温暖，但还是想听到家人真心的赞许。

美伦不愿意正视父母冷漠又无情的事实。其实，她的父母心里想的只是自己的需求和利益，不会为她考虑，对如何教育和照顾孩子也没有什么想法。他们觉得日子能过下去就好，想那些"不着边际"的亲情关系和家庭情感，没意义也没必要。

给自己力量　不要随便将错误归咎于自己

对孩子而言，父母的爱和接纳，无疑是自尊形成过程中的重要支持。为人父母者，应了解孩子是需要正向情感的安抚，是需要高质量的亲密关系，了解了这些，就不会不在意孩子的感受和想法了。

人的心理有两个重要的部分：一是情感，二是理智。了解心理学的人都应该知道，所有经历都可能会塑造我们的性格，也会影响我们的情感模式。

父母自然不能保护孩子一辈子都不受到伤害，但童年时期对孩子的负面影响，会给孩子带来伤害，让孩子活在痛苦不安的自我怀疑中，无法认可和肯定自己。

或许，你过去经历过的可怕遭遇，让你误以为这一切都是自己的错。但请你试着以客观的角度去重新思考"犯下错的人究竟是谁"。不要随便将错误归咎于自己，而是试着从客观的角度探讨其中的前因后果。

尽管原生家庭的问题往往是错综复杂、盘根错节的，但绝不会是一个孩子的力量所能造成的，更不能让一个孩子拿一生来背负。

> **Shift Thinking**
>
> 你无法改变自己的过去，但可以试着从客观的角度去探讨其中的前因后果。

Chapter 4

活出不被外界影响的人生

超越低自尊

当你将自己视为"生命中最重要的人",

那么,没有任何人能否定你的存在。

Introduction
引言

看到这里，相信你对"自尊"的认识已经比较深刻了。但你可能不是很确定：一个拥有稳定高自尊的人，在面对复杂的人际关系时，应如何面对？又应如何维持关系？

对人类自尊的相关研究，起源于心理学领域，而对高自尊、低自尊的理解，则随着社会的演变和文化情境的转变，不断调整。即便是在当前，心理学家对于自尊的研究仍在持续，尤其是在性别、地区文化、现代生活变迁等方面。

当然，每种社会文化对于自尊的理解和概念，都在不断发展。

我们很容易将"自尊"曲解为"自我感觉良好"，以为高自尊的人我行我素，不在乎他人和社会的评价。然而，自尊牵涉的内涵并不是这么浅显。比如带有贬义色彩的"自我感觉良好"一词，描述的个体行为比较接近自恋型人格的特征，而不是高自尊的"自我尊重程度"，以及与自我认同、自我价值相关的自我效能层面。

长久以来，心理学在研究自尊时，倾向于认为高自尊的人更有可能做出对社会有助益的行为，并且从中发现自己的价值；而低自尊的人，难以信任社会和群体，容易成为社会中的"退缩者"（个人避免与社会接触），或社会中的破坏者。

根据这个定义，拥有稳定高自尊的人，是与他人互惠互利的实践者，是在社群关系中如鱼得水者，并且能够在人生中获得有意义的自我成长。

稳定的高自尊者不会通过贬抑和伤害自己的方式，来换取他人的快乐和幸福，也不会通过彰显和夸耀自己，来剥夺、损害他人的安全和利益。

他们既不"唯我独尊"，也不会视他人为至高无上的存在。当他们想到自己时，亦能想到他人；当他们思考他人时，亦能关注自我。他们明白"关系"是互为主体的，每个人都是不同个体，都有其生存的角度和立场，也都有各自行事的风格，他们不仅会试着理解，也会多角度观察和思考，既不落入主观论断的旋涡中，又不忽视他人主体的存在。

如果要简明阐述"稳定高自尊"究竟是怎样的人格，那么成语"不卑不亢"，即说话办事有恰当的分寸，既不低声下气，也不傲慢自大——就十分贴切。

"不卑不亢"，出自春秋末年齐国宰相晏婴奉命出使楚国的故事。楚王百般刁难晏婴，先是让他从小门进城，然后取笑他是矮子，用最差的饭菜招待他，最后用两个齐国的囚犯羞辱他。这些举动，都被晏婴用不卑不亢的态度和卓越的外交才能化解，而原是辱人者的楚王，反而自取其辱。

这个故事告诉我们，一个人待人接物的态度，来自他的心态以及对自己的观感，即他是否以夸大自我的方式，来为自己赢得尊敬、礼让、尊崇？他会不会矮化和贬抑自我，来求得他人的施舍和同情，以满足卑微的存在需求？

恰如其分的自尊，是个体存在安稳的坚固基石。

在本章中，我将提供十种建立稳定高自尊的方法，帮助读者在平日的人际关系和日常生活中，为自己摄取好的养分，储存好的能量，并减少对自我、自尊的不必要伤害，避免自我贬抑。当我们知道如何减少自我伤害，也知道如何增强和稳定内心，自然就能不断增强自己的自尊心了。

自尊，虽然无影无形，看不见也摸不着，但就像空气一样，是每个人生存于世的重要需求。而处于低自尊状态的人，就像处于污浊的空气中，不仅无法让自己活得好，也可能因此患病，危害健康。自尊上的障碍或损害，会让人活在沮丧、焦虑、不安、失衡的情绪痛苦中，以致无法照顾、保护好自己，甚至会造成人际关系的紧张。

唯有安定自我，才可能拥有平等、良好的人际关系。

31 从求好心切的陷阱里解脱

求好心切的人，心里化解不了因被责备、被贬抑的各种酸楚及不舒服的感受。

不少人活在事事求好心切的自我要求中，以为这是负责任的表现，如此才算是尽心尽力。然而，事事求好心切的背后所隐藏和覆盖的情绪，是害怕被指责的恐惧。

因为害怕被指责，就必须做得"足够好"。求好心切的人认为只有把事做得尽善尽美，让别人挑不出毛病，才算是完美。

这是低自尊又想追求高自尊状态的人，是为了赢得他人尊重所想出来的办法。然而，内心深处却埋藏着害怕输的恐惧和不安。

同时，还有来自内在心态的投射：他们过于在乎自己的表现，以致认为外界也会如此看待自己，认为周围的人都像自己一样，一直盯着每个小细节，一心想找出自己不够好、不够优秀的地方。

其实，这样的人忽略了一个事实：没有人会时时盯着他、挑剔他。所谓如影随形的监视目光，都来自他对自己不足之处的恐惧和猜疑。即便没有人告诉他"应该如何做才能更好"，他也无法放过自己，不断挑剔只有自己才能感受得到的小毛病、小问题。

追求完美的人，自尊都曾受伤

对于"求好心切"的人而言，内心真正化解不了的是：自幼年开始，就一直感到被责备、被贬抑的酸楚感受。当被责备、被贬抑时感到难过、辛酸、委屈时，不仅得不到关注和理解，甚至还会被他人指责："如果不是你真的做得不好，怎么会被挑剔、被指责呢？"

在这种情况下，这些人不仅无法修复受伤的自尊，还会进一步固化自己的逻辑：只要我做到让人无可挑剔，不再被责备了，才能证明我够好、够优秀，才能让看轻我的人对我刮目相看。于是，他们要自己留意任何细节，要自己反复检查、思量所有过程，生怕被人挑出一点小问题或差错，让自己的努力都白费了。

这种苛责自己达到完美的人，自尊心都曾受过伤。

在受到别人的责备和挑剔时，这些人无视自己的伤心、失望，反而怪罪自己让他人感到不满。他们认同别人的评价和责备，视自己为糟糕和差劲的人，给自己贴上笨、不行、差的标签，斥责自己的缺陷和瑕疵，认为自己不配活在这个世界上。

拥有这种思维的人，并不认为生命的价值在于生命本身，而在于能做对多少事、行为让多少人认可。他们把自己视作一个会做事的工具，而且不容许自己犯错。他们比任何人对自己要求还更严苛，为的是没人指责他们，而被别人指责是他们最害怕面对的事。

其实，事事求好心切，确保自己毫无瑕疵，是一种敏感的表现。

遇到这种问题的人，除了对事情缺乏整体性的认知能力，还容易片面地看待问题，认为即便是一点小瑕疵也会破坏其他好的部分的存在。

"追求完美"是焦虑设下的陷阱，让人以为自己在任何事上都能趋近完美，却在看见一个再小不过的瑕疵时，全盘否定了自己，继而落入痛苦的深渊，然后期待下一次的完美能为自己翻盘。这样的经历会一再重复，于是反复地责备自己，把自己推向更深的深渊。

但这样反复的过程，对他们有什么意义吗？

这是一种心理变局，即定了一个任何人都不可能达成的目标，却要自己努力追逐；最后，因为绝对不可能实现，导致自己一次次生出挫败感和跌落感，一再加深"我不完美""我不够好"的自我感受。

低自尊的人会在无意识中扯自己的后腿，即使费尽心思，也会在无意识中发现几个小问题，以致前功尽弃。

例如：做好账目却在结算时点错金额，文章写好却有几处错别字，一切准备就绪却在最后时刻迟到，完整收集了信息却在归纳时漏掉一些……越追求完美的人，越容易找到自己的差错，越容易前功尽弃。人在这样的心理运作下，很难真正做到肯定自己。

生命的价值，不在于能力有多好

一个懂得肯定自我价值的人，不会用完美主义来苛责自己。能力是可以不断修炼和精进的。一个有心之人会在做事的过程中，不断积累经验，提升自己的能力。但这些无关乎一个人的存在价值。

将一个人的存在价值等同于多做事，就像是传统家庭通过生养孩子多来满足生产力需求的想法，这不能成为评判生养孩子多的女性对家庭的贡献超过其他成员的标准。因为这样的家庭环境，让许多女性把自己视为工具，而非一个有情感、有思想的人。

给自己力量 每个失误都有改善的方法

你需要辨识：做事是做事，做人是做人。即使偶尔出现差错或疏忽，也有办法解决及改善，而不是以结果不够完美来贬低自己。

拥有稳定高自尊的人，不怕事情做不到完美，即使他们未照着计划进行，也能随机应变，视实际状况而调整方法。当出现危机时，他们也不会抨击和贬抑自己，反而会想方设法稳定局面。他们认为凡事尽力而为就好，至于不可控的外力因素，不必归咎于自己的无能。这样，可以做到处变不惊。

> **Shift Thinking**
> 尽力而为就好，至于不可控的外力因素，视实际状况随机应变。

32 为自己多想想，不违背自己的真实意愿

**如果为别人付出，违背了自己的真实意愿，
那么这份牺牲或贡献，实则是内心空虚所致。**

自尊偏低的人，由于生活在经常被贬抑、被责备的环境里，因此容易认为在关系中，如果自己没有全力为他人付出、为他人贡献，就是一个没有价值的人。再加上社会和家庭观念里，长辈往往会希望孩子照着自己的意思做，因此常出现以高压姿态责备孩子的控制用语——"你好自私自利，只想到自己"，以此要求孩子放弃为自己思考和选择的权利。

这是社会中存在的人际交往理念。有些人害怕对方拥有独立的思考能力和感受能力，所以想要干涉别人。虽然他们将此美化为关怀对方，实际上却是想控制他人，侵犯了人际关系界限。

低自尊的人，有时也会贬低别人，希望控制他人的想法和感受，害怕他人凌驾于自己之上。同时，低自尊的人也会轻易被剥夺自主和自由的权利，认定自己应该顺从权威者的控制，照着权威者的指令行事。所以，低自尊的人容易被操控，甚至变成操控者的顺从者，认为别人也该被操控。

如果一个人经常因为别人的言行（特别是恐吓、威胁等负面信息），

改变自己的意志、选择及思考，这可能是因为他的人际界限过于松散，或是缺乏自我认同，不能坚定自己的想法和观点，特别是在需要为自己多想想的时候。

别把自己的价值依附在他人和关系上

我们前面探讨过：低自尊者害怕被认为"不够好"，害怕在关系中展现自我。他担心当有了自己的想法或感受时，别人会讨厌他、离开他。因此，低自尊者常常以"没关系""都可以""我不重要""我没想法"等作为回应的方式。

低自尊者害怕因为自己太突出，招来别人的指责和批评，以致被背叛，被抛弃，或遭受各种无情和残忍的对待。他们过于害怕表现自己的想法，觉得自我太强、表达自我是一件非常可怕、危险的事。

但正是因为他们一直压迫自我的存在，才会不断遭受到他人无情和残忍的对待。他们将自己的存在价值，寄托于他们想依赖的人所给予的关注和支持上。即使他人没有察觉自己的需求，也没特别关注自己，他们也不想发掘自己的内心力量。他们无法将自己看作是一个独立的个体，只要失去与他人的关系，就会觉得自己失去了生存的意义。

通过被人需要，逃避分离和独立的痛苦

一位年逾五十的女性，有着二十多年的工作经历，收入也非常可观，可是她一生都没有谈过恋爱。

她除了打理母亲的生活外，还负责弟弟妹妹的学业和生活开销。从工作后拿到第一份薪水开始，她就将其中的四分之三都交给母亲，承担家里大大小小的各种开销。

二十多年下来，她始终和母亲睡在同一个房间里，一直用着老旧的书桌和衣橱，反倒是弟弟和妹妹都有了各自的房间，还随着年纪的增长重新装修和布置了房间。

即使工作了二十几年，她也没有足够的积蓄来支撑自己选择另一种人生。她的存在就是为了满足母亲和弟弟妹妹，而她几乎没有任何自己的渴望和需求。每一天她都围着母亲转，母亲要她去处理什么事，她就去处理什么事；母亲希望她怎么做，她就怎么做。

认识她的一些人，都觉得她为原生家庭付出太多了，以致失去了自我……但她不觉得有什么不好。让家人感到安心，不就是自己所能做的最有价值的事吗？

她不知道，让自己成为照顾者的同时，也让自己不用体验分离和独立的痛苦。由于没能分化为不同的个体，她让自己和母亲成为密不可分的共生体。

即使她已经为家里付出了许多，她还是恐惧有那么一刻，自己会

变得自私自利。她之所以会以母亲的感受为自己的感受，以母亲的需要为自己的需要，是因为去除了照顾者及供应者的角色，她不知自己会成为什么角色。

你不是工具人，要为自己多想想

在关系中，总是为别人贡献的人，往往是害怕自己失去价值的人，害怕自己变得孤零零。

如果我们的外在行为和内在心理呈现极端的状态，就是一种失衡及失调的显现。这时，我们会将自己置于"我不得不如此"的处境，获取一点补偿或平衡。由于我们过于害怕察觉自我需求，会避免内心那只空虚的怪兽从沉睡中苏醒，于是奋力压抑自我空间。生怕为自己考虑、设想后，那只不满足的怪兽会从内心深处冲出来。

如果我们可以试着在自我和他人之间，寻找关怀及照顾的平衡点，那么我们就可以不用以极端、失调的方式忽视自我的感觉了。

事实上，即使我们是为自己设想和考量，也不意味着要漠视他人。当我们在为自我设想和考量时，也并非就是自私自利或不懂事。我们必须学会对自己负责，勇于为自己的选择承担责任。

你要知道，如果没有"真实的你"，这一段关系也算不上"真实存在"的关系。如果你只有那些想当然的贡献和付出，你就不算是完整真实的存在。作为一个独立个体，你有为自己活出有意义的人生所需的考量和设想。

事实上，当你活出有意义的人生时，你自然就能为他人、为社会带来好的影响。因为关系是相互牵动的，当一个人活得好，拥有健康的自我，也能影响别人，进而让自己接触到的社群朝向好的、健康的方向发展。所以，不要害怕为自己好好考量。当我们安顿好了自己，才能真正地照顾和关怀他人。

给自己力量 不能将付出作为逃避人生责任的烟幕弹

人在一段关系里，让自己成为别人存在的养分，这可能被视为一种爱或奉献的表现。但如果没有完整、健康的自我，那么这一份牺牲或贡献，实际上是一种逃避人生责任的烟幕弹。他只能凭别人的成就，为自己的存在寻找价值和意义。

当某一天他不再被需要时，他的自我价值感和自尊心就会极大受挫。那时，他会发现他对自己一无所知。

> **Shift Thinking**
> 当我们懂得为自己考量时，才能够真正地照顾和关心他人。

33 守护内在的情绪空间

如果我们维护不了自己内在的安全领土，
就无法确保内心的安全基地不受危险波及。

如果你希望自尊安稳，就要确保自己内在空间的完整性，不任由他人侵害。在这个独立的空间里，你可以表达任何情绪，拥有自己的感受和想法，不需要得到他人认同。

维护自己的内在空间，需要建立完善的心理界限，避免受到外界的干扰。如果情绪界限模糊、松散，他人的情绪或言论就会轻易地侵入你的内在空间，占据你的内心，影响你的生活。

这时，他人不仅能轻易让你的情绪波动，也能轻易地操纵你的喜怒哀乐。

因外界声音而混乱的心

有时候，我们的情绪、感受很容易受人摆布和操纵。

例如，上班时，同事悄悄地走到你身边，像是好心来给你通风报信："你知不知道昨天你下班后，老板跟我说什么？他担心你做事太冲动，又不成熟，不知道你手上的工作到底能不能做好？"

于是，你的情绪大受影响，除了吃惊、不解，还有莫名的委屈，觉得自己被人在背后议论。你失去了原本的平静，对自己处于一个不真诚的环境里充满了愤怒。周围这些人，竟然认为你做不到这件事，等着看你出错，这简直就是奇耻大辱。

你原本心情颇佳，也准备好接受工作的挑战，却因某些人的煽风点火而大受干扰，再也无法专心工作，那份按计划进行的工作，更是难以推进。

也许，别人是带着听八卦、看好戏的心态，想看看你会有什么反应，结果你如他所愿。这是因为你没有守护好自己的内在空间，任由自己的情绪被别人牵着走。

如果你维护不了自己内在的安全领土，就无法确保自己内心的安全基地不受任何危险波及。

如果一个不断处于战火中的人，总是十万火急地应对周遭发射过来的炮火，他又怎么可能有力气建造好自己的"护城河"，并发展城内的建设呢？他只能在炮火连连中，勉强应付敌军，用仅剩不多的战力硬撑着，不让自己投降。而你的自尊，也在别人随意干扰和任意评论中被严重破坏，导致对自己的信心也荡然无存。

改变自己与外人互动的方式

如果你想维护自己的自尊，就要充分地认知自己是独立个体的事实。这是任何情况下，都不能随意被剥夺或被漠视的个人权利。

倘若一个人很容易被别人洗脑，或是被他人操纵，那么这个人势必无法安心度日，时常会因为不知"外界会传来什么信息，又会发生什么风波"而提心吊胆。

如果你有意维护自尊，请认真检视一下自己的人际关系。

当你处于低自尊状态时，很容易陷入别人操控你、支配你的关系之中，受人际关系左右或侵害。如果你想要改变目前的状态，提升自尊水平，那么就要用心觉察、重新检视过去那些会让你陷入低落、沮丧及挫败状态的关系。同时，你可以试着让自己发展出新的关系，让过去的互动模式不再重现。

你可以选择疏远或离开那些总是看低你的人，你不需要通过别人的认同来肯定自己。如果你无法离开或是疏远这段关系，那么就尝试改变互动的方式。如果你以前总像应声虫一样附和，现在就尽量保持沉默或少言；如果你以前急着对人讨饶或讨好，现在就试着先让自己冷静下来，再想想如何以不伤人伤己的方式给出回应。

在与人沟通前，尽量先确认自己的想法和情绪状态，并且想好如何表达。一个人越不理解自己，对自己的所思所想也就越没有原则，越容易被操控、被支配。因为人们会认为这个人没想法、没立场，所以会将自己的观点和感受塞给他，要他一并接收。

　　只有对自己的原则和价值观立场清楚、坚定，你才能实时地与人交流、对话，再通过表达和回应，与对方进行沟通、协调。这样，即使在彼此没有共识、无法完全交流的情况下，你也不致受人任意摆布及操纵。

这世界存在善良，也存在邪恶

　　那些总是抱持着单纯的信念，相信天下尽是好人，而无视真实世界同样存在着残酷和诡诈的人，往往轻易接收别人的表面信息，不去察觉他人行为背后的动机，因此容易受到他人言行的操纵。

　　如果你一直无条件信任别人，以天真的眼光看待世界，却常常被别人欺骗和背叛，那么，怎么可能维护好自尊呢？你必然会因为被别人欺骗和背叛，而怀疑自己待人处事的能力，越来越不信任别人，也越来越否定自己，并且不明白自己为什么总是知人知面不知心。

　　"你自认为是什么样的人"和"你实际是什么样的人"，两者之间的悬殊越大，你的自尊水平下降的程度就会越严重。只有当我们希望成为的自己与真实呈现出的自己相一致时，对自己的信任和接受度才能维持平稳。

　　只有清楚地认识自己，才能在众说纷纭时，或是与他人的交往中，保有清醒的自我态度。不论别人高捧你，还是贬抑你，认为你善良还是邪恶，你都能回归对自己的认识，而不会迷失在别人的评价中，认不清自己。

你要试着去做，不论别人如何评价你，甚至摆出一副比你还了解你自己的姿态时，你都要回到相信自己的立场上。别人的观点和评价，是从他那个位置投射出的看法，并不代表就是真理。他有权表达，但你也有不接受或不回应的权利。不是人家评价你如何，你就真的是那个样子。如果你不认识自己，对自己感到陌生和疏离，总在别人的评价中寻找自己，就会受到他人言语的干扰或侵犯。

好好辨识自己的感受

如果你的情绪或想法容易受到外界影响，那么许多时候你所做的选择及决定，可能不是出于真实意愿，而是受到外界的干扰及影响。如果你长期处于这样的情形中，又怎么可能维护好自己的独立性呢？

你应该试着练习辨识自己的感受。每个人都有表达情绪的权利，你不需要为别人的情绪负责，别人也不需要为你的情绪负责。

所以，不要因为别人感到委屈或哀怨，就觉得自己应该为对方出头或主持公道；也不要因为别人感到愤怒和不平，就觉得自己应该去顺应或满足对方的期待；当然，更不必因别人的惺惺作态，就觉得自己必须配合或顺应对方。

当你失去冷静，而别人又试图操纵你的情感时，你就很容易疏忽许多客观层面的线索，以致无法厘清现状，无法做出正确决策。

当你觉察到别人正试图用情感操控你的所思所想、影响你的感受时，除了坚定自己的立场、守护好情绪界限之外，你还可以进一步思考对方的反应，例如：

"为什么对方只是展现情绪感受，却不行动起来处理问题？"

"对方宣泄情绪，是希望我做些什么？还是希望我如何反应？"

"对方的情绪对我造成了哪些影响？为什么我会被影响？"

"我的回应是我真心想做的吗？还是我在为他人的情绪负责，想要让他人满意呢？"

好好辨识自己的心理状态及情绪反应，才不会在混沌不清的压力中迷失了自己，做出令自己懊悔的冲动反应。

当然，最重要的还是维护好自己的内在空间，坚持自己的原则和立场。当你能保有独立自我，那他人对你的影响就会越来越小。当你有能力守护好自己的自尊，就能真实地感受到内心的宁静与安稳。

信任别人，但也要设防

> 给自己力量

我们希望关系能为彼此带来幸福、支持，但绝不是所有关系都是如此。毕竟，人和人之间，存在着差异性和独特性。

过于天真地看待世界的人，很容易存在这样的想法："我相信自己怎么对待别人，别人就会怎么对待我。如果我对别人好，别人也会对我好！"

这种一厢情愿的想法，常导致自己没有好好地认识别人，也没有真正把别人的想法当一回事，以致当关系里的欺骗和操控的戏码悄悄上演时，自己感到莫名其妙，惊慌失措。

如果想维护好自己的自尊，要对他人有所戒备，但不能因此不再信任他人。我们可以随着彼此的接触和了解，调整自己的信任度和开放度，在戒备和信任之间寻求平衡。

Shift Thinking

当你越能清楚地认识自己，就越能保有清醒的自我认识。

34 试着与这个世界好好相处

当你拥有宽广的胸怀，就能够接受各种事情的发生，就能够坦然地接受自己有无能为力的时候。

自尊偏低的人，往往害怕突如其来的打击，害怕自己无力面对，让自己感到难堪、羞耻及沮丧。于是，内心越恐惧不安，就越想控制一切。但是，这世界岂能由你来控制？

于是，低自尊者只好把他自己的世界缩小、再缩小，缩小到只能控制一个人、控制一个职位、控制一段关系，或是控制一个既有的空间，好像这样自己就不会遭遇突如其来的惊慌，深陷于无助和沮丧中。

但他没有注意到，为了达到自认为的控制，他是如何将自己放置在一个小小的封闭世界里。他欺骗自己，只要管控、监督好自己周围的那几个人，就控制好了一切。

很多人怀着恐惧之心控制自己生活的世界，与那些带着希望、开放的心，去接触、认识世界的人，有着两种完全不同的生命状态。

心存恐惧的人，在世界突然发生改变时，会难以招架出现的局面；而带着希望和开放的心看待世界的人，不仅不会想着掌控外界，还会想着去感受世界带给他的触动。人生原本就充满未知，而生命的未知需要我们用每个当下去体悟。

让自己放心自在地体验每个当下，是低自尊者从未有过的生命体验，也是低自尊者要学习、历练的。

首先，你需要真正地感受世界的宏大和浩瀚，体认世界本就是超越你所能触及和理解的。所以，不要企图去控制这个世界。事实上，你也无法控制这个世界。

如果你能了解到自己的渺小，也觉知这个世界的辽阔，你就会明白想控制世界、想控制一切，都是荒谬的念头。

真正可以控制的，只有自己的心性

人真正可以控制的，只有自己的心性、情意和行动。如果一个人连自己的所思所行都无法控制，却企图控制这个世界，那就是本末倒置。

这世上有着不同的种族、地区、语言及文化习性，即使有文化背景的共同影响，但每个人的内在与外在组成还是有着许多差异的。或许你可以控制你最亲近的一两个人，但你无法控制更大的群体、更大的世界。而低自尊者常常以为能控制好最亲近的一两个人（通常是伴侣或家人），就可以提高自己的自尊。

如果你想和外界建立舒服的互动关系，就要试着放下对关系的控制欲。不要再麻痹自我，幻想自己在关系中是较优越的一方。

你真正要做的，是接受各种反应和感觉，不要只想着接受正面的感觉。如果你限定自己所能体验的感觉类型，那么，当那些你不想要的感觉或反应出现时，你就会难以控制地抓狂或暴怒，不是怪罪别人的不配合，就是自责，觉得自己不可原谅。

学习和这世界真实相处

你想学习和这世界真实相处，就要认真用心地观察，了解这世界的各种面貌、各种变化。这世界不是只有四季更替，还有各种生物。而每个人都有着复杂的心理及人格状态，有着不同的思维和情感特征，这不是你通过单一主观的角度，就能完全理解和全然洞悉的。

如果你想与这个世界相处，就要有"以静观动"的心态。当你愿意接受这个世界的本质——变和动时，就会生出了然于心的沉稳。

反之，当你否认这世界的变和动，认为一切都可以在自己的掌控之中，那么，当你的世界有所变化时，你就会惊恐万分，陷入害怕和无助中而不得安稳。

接受外在世界有其不可控的部分，接受他人更有不在自己掌控中的事实。让所有变化依照着它的变化自然发生，然后调整自己的内在，去适应并接受这些变动中的客观事实。不必因未能察觉这些变动就贬抑、责备、怨恨自己，如此，才能在不可控局面中稳住自我，不伤及自尊。

准确地说，不要因为别人离开你，就贬抑自己，认为自己不够好；不要因为一个工作的面试没有下文，就认为自己一文不值；不要因为有人拒绝和你约会，就看轻自己的魅力；不要因为他人不愿理你，就认定自己做错事，说错话，或是外貌、打扮不讨喜。当外界发生超出你预期的变化时，请不要把自己的心推到幽暗的低谷中。

你要了解自己的价值所在或许不是对方所能看见的。对方自有他的立场和视角，这也不是你能完全掌控的。接受彼此的差异存在，也接受个体不同的观点。当你开始接受各种非预期的变动发生时，就开始了不会借此打击自己、贬抑自己的人生。

给自己力量　勇于接受自己的局限

为了达成目标，我们费尽心思琢磨事情的各个细节，确保能得到自己想要的结果。这样的心理制约，让我们以为只要方式对了，就没有什么是自己办不到的。但我们没有意识到，个体所能接触的世界是有限的，算不上真正意义上的认识世界。

当我们跨进更宽广的世界中，或接触到陌生领域时，就会看见自己的渺小，体会到自己的局限。但这些看见和体会，不是为了击溃我们的自信，或挫败我们的心智，而是让我们增加对自己的包容度和接纳度，以接受各种落差和非预期的存在。

接受自己的局限，以及认为这个世界也有非预期的存在，是一种内心强大和勇敢的表现。

当你拥有宽广的胸怀，才能坦然接受自己也有无能为力的时候。当你不再以"能不能掌控一切"来评判自己时，才不会因为世界、人生的各种变化而失落。

随遇而安，随机应变，是拥有稳定高自尊的人对于自我的接纳，以及对世界的尊重。

> **Shift Thinking**
>
> 感受世界的宏大和浩瀚，体认世界，才是超越自己的一种方式。

35 安抚及改写负面信念

如果我们想重建正向情感,
就需要用同理心来回应自己的内在经历。

自尊偏低的人,在修复自尊的过程中,遇到最困难的部分,莫过于难以删除那些刻印在大脑中的负面信念。

那些负面信念大多是在我们幼年时没有客观思考能力时形成的。即使我们后来长大了,了解了客观事实,也无法轻易改变那些刻印在内心深处的"信念"。

伴我们成长的心理烙印

有一个孩子从两三岁起,就听得懂一些简单的词汇,并能了解语意。这个年纪,也是大多数孩子开始进行知识储备的年龄。当时,这个孩子隐约记得他被妈妈打骂得很厉害,还被推出家门,在昏暗的楼梯间待了很久。虽然他忘记了具体是因为什么事,妈妈才会这么生气,但让他印象深刻的是,妈妈对他发疯般地吼叫:"我不要你这个不听话的孩子了,你出去!"在这样的影像记忆下,他的内心始终有个无法消除的念头：我不乖，妈妈就会丢掉我。

这个念头，时常在内心深处折磨着他。当他觉得自己表现不好，或是和别人有意见上的冲突时，内心就会冒出这幅幼年的记忆画面：他被赶出家门，被妈妈极度厌恶。

长大后的他了解到：幼年的自己很调皮，爸爸又远在外地工作，妈妈在工作和家庭的双重压力下，时常情绪失控，于是失去理智地对他打骂。即便是这样，妈妈也从来没有让他饿过肚子，或真的让他露宿街头。等妈妈骂完了、发泄完了，他就可以进屋去，有时候还会得到补偿，比如可以吃到点心，或获得一些玩具。

理智上，他已经能够相对客观地理解自己幼年时的处境，以及母亲的遭遇。但是在情感上，他需要安全感，而母亲的言行对他造成了情感创伤，以致这一段重要的情感联结裂解了。而且，他也没有马上被安抚，这使得他来不及修复对人的信任感，难以与他人建立安全、可靠、稳定的关系。

在低自尊者心中，可能存在不少有关负面经历的记忆场景，尤其是在弱小无助的童年时发生的。

当那些引发自己诸多痛苦情绪的负面经历发生时，因为缺乏父母的及时安抚，自己的痛苦情绪被凝结在了那个当下，或者说，情感遭遇背离的时刻被冻结了。

这些被时空冻结、无法流动的痛苦情感，就像一块寒冰，让一些人的身心冰寒刺骨、痛楚难耐，让一些人无法感知到任何温暖的存在，也无法相信有任何正面的事情会降临到自己身上。而自己在无力扭转命运的情况下，对于过去那一连串负面的经历、遭遇，他们只好安慰自己都是命中注定的不幸，是自己逃不掉的际遇。

拥抱曾经受伤的自己

如果重新累积情感并创造正向感受，我们需要练习用同理心来回应自己的内在经历。在痛苦情绪产生时，我们需要安抚、回应自己的各种情绪，允许情绪发生，关注情绪产生的过程，让痛苦的情绪得到慰藉，再用暖心的词语与内在受到惊吓及创伤的小孩（那些童年创伤时空下的自己）对话，给予当时的自己无条件的正向支持，例如：

"放心，我和你在一起。"

"我接纳你的存在。"

"我爱你，原原本本的你。"

"没事了，我会照顾你。"

"你是安全的。"

"我不会丢下你。"

这些温暖与正向的支持语句，都是过去处于痛苦情境中的自己，最需要的安抚及关怀。但在过去，我们没有获得这些安全和爱的保证，只能任由内心的痛苦不停地吞噬自己，这让我们处于惶惶不安的惊恐中。

如果我们所拥有的一段重要关系，能让我们重建对人际交往的信任及安全感，这样的经历就会加快内在的修复，提升自尊，但前提是我们可以信任、接受这段情感关系。

如果还没有这样的关系，我们可以试着重建和自己的关系，不再重复往日那些让自己受创的方式，重新改写能让我们维持良好状态的正向支持语句，与自己对话，抚慰自己。

给自己力量　以正向行为支持安抚自己

人如果经历过痛苦及无情的遭遇，是需要被温暖和细心呵护的。就像身体受到极大的创伤后，我们需要悉心照料伤口，给予伤口复原所需的照护，不能粗暴或凑合地处理。心理上的痛苦亦然，我们要对自己更有耐心，更细心关照。

很多人以为只要自己长大了，过去的事就对自己没影响了，却不知内心仍会残存那些情感的创伤和悲痛。也许情节被淡忘了，但情绪机制仍受记忆的影响，仍会猛烈地、迅速地发生，特别是在我们遇到类似往日创伤的情景时。

当我们未能觉察自己的这种情绪为何反复出现时，就只能任由情绪发生。因此，我们需要意识到，这些痛苦情绪的产生，是因为内心未能得到及时的安抚及照顾。

所以，请不要再对往日那些痛苦情绪不理不睬，任由它出现、伤害你。让我们以正向行为支持自己安抚自己，建立起内在的安全感，不再用过去的负面经历恐吓自己，构建稳定内在，真正修复与自我的关系。

Shift Thinking

我们都是值得被重视、被关怀的。

36 抛弃负面标签，学会认同自己

有人批评你，但不意味着世界上所有认识你的人，都会这样对待你。

想修复自尊，我们就要学会抛弃的能力，需要被抛弃的，是过去那些使我们受到制约的负面认知。

抛弃是一种质疑的力量，表示我们不接受那些未经自己思考和筛选的观点及想法。

当有人毫不留情地说你"不会做人，做人失败"时，你不要觉得"别人说你是哪种人，你就是哪种人"。你要赋予自己反驳的权利，除非你愿意，否则没有人可以强迫你接受。

人无完人，即便是德高望重、受人敬仰的人，也可能有做事不妥、说话不妥的情况。所以，哪怕是你所崇拜的人给你负面评价，那也只是他个人的观点，不代表所有认识你的人都会这样评价你。

有时候，我们之所以会轻易接受外界的负面评价，是因为我们心中早就这样看待自己。所以当别人这样评论自己时，我们就会觉得别人"看穿"了自己："没错，我就是那么差的人。"其实，你只是拿别人的负面评价，来佐证自己内心的想法罢了。真正看低你的人，正是你自己。

在一个崇尚名利的社会里,人们几乎都活在外界的评价中。我们从小就不断地被打分数,长大后仍要经历许多考核。这些评鉴方式,原本是让我们认识自己、了解自己的一种方式。可是,我们非但没有将那些反馈运用在激励自己的进步上,反而把能量耗费在与他人的比较上。

现在仍有许多人,包括我们的父母、长辈,都沦陷在让孩子追求第一名的迷思里,甚至要求孩子每一科都拿第一名,以此证明孩子的优秀。但他们从来不关心孩子受挫时的感受,不教导孩子如何应对挫折,也不引导孩子如何认识自己的优势和劣势,只是通过考试成绩来衡量孩子的好坏。

倘若你从小到大总是被一堆分数、排名来决定价值,那么长大后的你,也会习惯以这些标准来判断自己的重要性。因此,你会在无意中接受权威人士、父母、老师对你的看法,并以他们的视角,认定自己是什么样的人。

所以,如果你想活出真实的自己,最需要做的就是推翻过去的旧习惯和旧思维。

重新建构内心的体系

在自尊修复方面,你需要一场自我意识的革命,要有意识地抛弃那些贴在自己身上的标签。

这并不是说你要和别人争辩。这个过程中重要的不是和别人的互动，而是与自己的互动。面对内在的认知和情感系统，要有意识地提醒自己，不再像过去那样盲听盲信。

要重新建构内心的体系，可以先试着练习反驳，反驳用别人的观点看待自己的旧模式，给自己一些空间。

例如，当别人说你一无是处时，你可以通过在内心支持自己来进行反驳：我有其他的价值，不像你说的一无是处，难道一件事的失败，就能说明一无是处吗？

或是，当别人说你"好笨，连这么小的事也不知道怎么处理"时，你可以在内心试着反驳：不知道怎么处理这件小事，就代表我很笨吗？我懂的其他东西，难道你就一定懂吗？

我们在内心进行反驳时，要注意：不是为了反驳而反驳，而是为了更客观地看待自己。因为价值是多元的存在，不能以单一标准来衡量。即使一件事做不好，或不会某项技能，也不能因此就否定一个人的价值。

在进行反驳时，你可能会感到不舒服，毕竟，推翻过去的旧思维并不轻松。但请相信自己，这只是初始阶段，人不会一直处在这个阶段。

如果在重新建构内心的体系时，少了反驳这个环节，那么被固着的习惯占满的心，就挪不出空间来放进新的思维和观点。那些你听惯了的负面评价，就失去了被反驳的机会。

所以，请开始练习质疑、反驳别人对你的评头论足，你绝不是别人用几句话就能定义的人。

给自己力量 学习增强自我意识

当你开始在内心进行反驳的练习时，可能会有点不安，怀疑自己这样做是不是叛逆。有这些担忧是很正常的，毕竟在过去成长的过程中，你习惯了顺应和服从，以为这样才能获得别人的肯定和称赞。

但我想让你了解的是，对旧有习惯的反驳，是为了让你学习增强自我意识，并让自己拥有判断能力：你不再是别人怎么说，就怎么做的人。你会通过自己的判断，形成对一件事的认识，包括对自我的认识。

当你拥有自己的判断能力，也愿意从反驳开始，推翻过去的旧思维，那么他人能够影响你的情形就会逐日减少，你也能够活出最真实的自己。

> **Shift Thinking**
>
> 当你开始学习增强自我意识，拥有自己的判断能力，他人能够影响你的事情就会逐日减少。

37 辨识对自己真正有用的信息

当我们很容易听到自己被否定的信息时，可能是因为忽略了其他信息。

自尊偏低或自尊不稳定的人，有一个常见的现象：很容易不加筛选地接收外界的信息，无论是明示或暗示，无论是正面或负面。

请留意一下自己是否有这个情况：由于自尊不稳定，所以对负面信息极度敏感；很容易听到否定、怀疑、贬抑自己的内容；对自己有利或所做事情有帮助的信息往往选择忽视。

如果你是低自尊或自尊不稳定的人，那么在接收外界信息时，就要试着辨识对你真正有帮助的信息究竟是什么。

安稳的自尊，能帮我们达成目标

低自尊者一般只听得到他认为自己被否定的信息，所以他的内心会感到焦虑不安，或是因为自尊受到打击而愤愤不平。面对批评，他不是想反击就是想逃避，因此往往无法好好探讨问题或分析自己将做什么。

自尊偏低者撷取到的信息，像是这样：不会换位思考，不会充分地站在对方的角度想问题，只想尽快解决自己所认为的问题。

而自尊稳定的人，不会轻易让外界信息否定自己的想法，也不会轻易改变自我观感。因此，他更有机会了解问题背后的客观因素，并会进一步探讨问题，深入问题的核心，思考解决问题的可行策略。

自尊不稳定者撷取到的信息，像是这样：面对某个情况的处理，少了换位思考，没有充分地站在对方的角度，以对方可能有的观点及感受，来理解对方的行为或反应。他们想尽快解决自己所认为的问题，但问题似乎不是对方所认同的，也不是对方的需求。

自尊稳定者能够安稳自我，并进一步探讨解决问题的方案，不会陷入自我批评、自我谴责中。他们善于发问，也能从别人的回应里，辨识出可以帮助自己提升能力的有益信息，而不会耗费精力向外界辩解，或向内攻击自己。

这就是自尊不稳定的人与自尊稳定的人之间最大的区别。

不稳定的低自尊者，离不开对自己的关注，很难把注意力放在问题本身，他们总是纠结别人对自己的看法，缺少达成目标所需的专注力。

而拥有稳定高自尊的人，对自我价值的肯定，使得内心平稳，并对自己的能力感到自信。对他们来说，处理事情的能力是可以学习的，解决问题的方法也是可以学习的，他们不会因为事情进展不顺利，或是存在失败的可能，就认定自己没有价值或能力不足。

对稳定高自尊的人来说，阻碍或失败不是屈辱，而是事情还没有获得成功的事实。一个人真正要做的不是自怨自艾、自我否定，而是认真检查事情的各项环节，找出造成失败的原因。而为了让问题得到真正的解决，获取有益的信息就十分重要。如果无法尽量客观地了解问题本身，又怎么改变状况呢？

一项艰巨的任务，本来就不是一蹴而就的，即使耗尽心力，有时也无法保证一定就能成功。如果人没有稳定的自尊，又怎能持续、坚毅地前行，直到完成目标呢？

不要害怕任何失败或错误。只要你懂得辨识前进方向，并学会从环境中获取有用的信息，排除无益的信息，那么省下来的力气就能好好放在自我心理建设上。

给自己力量　了解自己的需要

获取有用信息需要辨识力，如果你不知道什么信息对自己是有用的，就很难进行筛选。

首先要了解自己的需要。在获得一堆信息时，你至少能先分辨出哪些是自己需要的，哪些是自己不需要的。如果你一时之间无法辨识，就先将其暂放在"还没想好"的第三区中。

我们在整理收纳物品时也是如此，了解什么是自己真正需要的，什么是可以割舍的。不懂得如何取舍东西，就像是无法取舍信息，会让内在空间被诸多东西塞满，留下许多我们根本不需要的东西。

  要知道，内在空间是有限的。你需要为自己真正需要的东西留出空间。如果你想朝着稳定高自尊的目标前进，就要辨识对自己真正有用的信息，从而过上你想要的生活。

> **Shift Thinking**
>
>   在接收外界信息时，请先了解自己的需要，从而辨识并获取真正有用的信息。

38 勇敢地肯定自己

自我肯定，不是尽说自己好话，
而是要清楚地了解自己的真实感受。

自尊偏低的人有一个共同现象，就是无法真正地肯定自己。他们觉得肯定自己的行为很可笑，并且害怕别人指责自己自以为是。再加上很难收下他人对自己的肯定，于是在内外夹攻下，想让低自尊者肯定自我难上加难。

我们要知道，自我肯定不是尽说自己好话、不停地往自己脸上贴金，而是要清楚地了解、表达自己的真实想法、感受或需求，同时尊重别人的想法、感受或需求。

表面称是，背后拒绝

自我肯定的行为，包括为自己争取权益，反驳自己认为不对的评价，回应内在的愿望和需求等等。

低自尊者可能会担心当自己表达内在的想法、感受或需求时，遭到拒绝或斥责，以致必须迂回，或是伪装、攻击、压抑自己。他们在关系中处于一种不真诚的状态，并且可能会表里不一。例如，表面上说"好""都可以"来配合别人，背地里却感到愤怒或委屈。

当低自尊者一直否定自己的真实想法，难以肯定地表达内在的感受时，他们的内心就会产生很多委屈、不满和失衡。他们没有察觉到这是自己不愿表达真实需求或想法后的结果，反而觉得自己是受害者。

勇敢地肯定自己

学会肯定自己，可以提升我们的自尊，也能充分地认识到自己也有感受和想法，有自己的需求和意愿。这都是身为一个人该有的权利，不能任意被剥夺和压制。

如果我们能肯定自己的存在，肯定自我纯然的本质，那么无须任何外在的理由或条件，就足以安稳内在的自我。其实外在的评价，无论是夸赞，还是批评，都是针对当下情境的。我们不应该太在意外界的评价，让那些外在的事物侵扰自己内心的安全网。

在练习自我肯定时，我们还要避免过度采用别人的视角来评论事情。在别人说完他的想法后，我们可能很容易对别人说"是，没错""我了解你说的""你说的对"，但这样，是会失去对自我想法和观点的探讨，也会剥夺自己应有的感受和体验的。

当我们在肯定自我或肯定别人时，不要落入只允许一方能有观点或感受的谬误中。这样的话，只要觉得别人的想法和自己的不同，就会想要控制对方，直到对方和自己想法相同；不然就是放弃自己的立场，要自己附和别人的观点或感受。

例如，有人告诉你他对一件事的看法和评论，你可以试着去理解他的观点，但不必把他的观点当作你自己的，你仍然可以保有自己的观点。当你想表达自己的观点时，也不要想着推翻或否定对方，或是急于和对方争辩。如此，双方的个体性才不会被剥夺，被漠视，对方都可以拥有表达自己的想法和感受的权利。

当我们学会肯定自己，也不再忽视自己的独特性，就能展现出真实的自我，而不再是一个没有生命气息的木偶。

练习自我肯定

> 给自己力量

你可以定期进行肯定自我的练习，用下面的词造句，清楚表达出自己的想法和感受，以加深自我的内涵及提升自尊：

- 我喜欢：
- 我不喜欢：
- 我了解：

·我不了解：

·我的失误是：

·我的成功是：

·我的优势是：

·我不擅长的是：

·我的感受：

·我的想法：

·我同意：

·我不同意：

·我可以：

·我不可以：

·我要：

·我不要：

除了进行肯定自我的表达练习，在提升自尊练习方面，你还可以每天写下三段喜欢或欣赏自己的文字：

1. 我喜欢或欣赏今天的自己：＿＿＿＿＿＿＿＿＿＿＿＿

2. 我喜欢或欣赏今天的自己：＿＿＿＿＿＿＿＿＿＿＿＿

3. 我喜欢或欣赏今天的自己：＿＿＿＿＿＿＿＿＿＿＿＿

通过每天的自我肯定及正面欣赏，不论你是在心里说，还是专门记录下来，都能累积起自己的正向感受。在这样的过程中，你可以提升对自己的正向评价，也可以加深对自己的正向情感。

Shift Thinking

你可以试着理解别人的观点，但不必把他的观点当作自己的。

39 以爱为本，与自己和谐相处

无论我们经历过何种遭遇，都要如实接纳它的存在，因为那是自我发展中的重要历程。

自尊偏低的人很难自在地与他人相处，其根本问题在于：他们很难与自己和谐相处。

低自尊者往往不喜欢自己，时常贬抑自己，也时不时地否定自己的所言所行。如果是将自己视为一个讨厌的人，又怎么可能与自己和谐相处呢？

要知道，我们和自己的关系，会影响内在的自尊状态。

如果我们每天都恨不得踢自己一脚，终日不忘苛责自己，一直这样对待自己，自尊又从何处而来？虽然我们心中想要被爱、被喜欢，但因为太不喜欢自己了，也不会相信有人会真正地喜欢自己。

如果低自尊者想改变和他人的互动关系，希望自己不被讨厌、不被排斥、不被看低，就要先改变对自己的态度。总是向自己输出负面的评价，只会让我们与自己的关系充满冲突、对立和矛盾。

喜欢自己和爱自己的区别

只要一说到"喜爱自己",就有许多人哀声四起,反映这件事很难做到。那么,到底怎样才是爱自己?为什么无法发自内心地爱自己?

喜欢自己,分为——喜欢自己和爱自己——两种不同程度的自我悦纳。两者都属于正向情感,含有喜悦、愉快的感受。但喜欢,具有更多的价值判断。因为要满足一些条件,才会产生喜欢的感觉,例如:我的声音很好听,所以我喜欢自己的声音。这样的喜欢是建构在价值条件下的。

但爱不同,爱具有无条件的成分,当爱存在时,即使并不都是自己喜欢的,也会因爱而产生包容和接纳的正向情感。例如:我爱我的孩子,虽然他有时候会做出让我很头痛的事,照顾他也很辛苦,但我对他的爱是不会改变的。

相比喜欢,爱几乎是无条件地容纳一切。

因此,在提升自尊的过程中,我们需要以爱为本,包容及接纳真实自我的存在:不论自己拥有什么长相特质、长处短处,都能对自己诚实以对,接受自己的所有部分。

如何成为自己最亲密的朋友？

你可以练习成为自己最安心、最亲密、最信任的朋友。但在练习前，请你先思索当别人以什么样的方式和态度对待你时，能让你感到安心、亲密。当你能明确定义出来，就会知道究竟要如何对待自己，才能成为自己最亲密的朋友。

假设在你所认为的安心关系中，对方不会老是对你唠叨，总说一些负面言语来威胁你，那么你就开始练习不要这么对待自己。

当你遭遇别人的打击时，请停止再威胁自己——"我完蛋了、我死定了"，而是试着让自己安心，告诉自己：没关系，虽然事情进展不顺利，但却不是因为自己不好。我们可以慢慢了解发生了什么事，然后看看要怎么处理。通过语句和沉稳的呼吸，安抚自己静下心来，不再无意识地抨击和谩骂自己，让自己总是陷入焦虑。

如果我们觉得能安稳地和自己同在、同处，让内在有一股强大的正向力量，那么，就要有意识地多练习，不要轻易再让自己慌张不安，任由焦虑绑架。

我们时常说，爱是力量，也是生命中最伟大的力量。

以爱为本的人，在面对生命、维护生命及保护生命时，都是义无反顾的。有爱的人，会为所爱的人设想，让对方安心地生活。有爱的人，不会三天两头找所爱之人的麻烦，甚至危及所爱之人的生命安全及生活稳定。如果我们无法让所爱之人过着平静安稳的日子，那这样的爱，实际上就是以爱之名进行伤害和欺骗，不是真爱。

当我们和对方建立爱的关系，拥有稳定的情感联结、安全感和接纳感，那么我们在关系里，能安心做自己，相信自己的能力。

自我是关系里不可忽视的部分。如果没有"我"的真实存在，就没有"我们"的真实关系。而如果没有爱的包容及接纳，自我就难以完整地存在。请相信爱的力量，试着包容和接纳自己。无论你经历过什么遭遇，都如实接纳它的存在，那是你成为"完整的我"的一部分，也是成为"独一无二的我"的重要历程。

给自己力量 全身心地接纳自己

喜爱自己，可以从简单地喜欢自己开始，做一个像是"我喜欢自己的哪个部分"的清单。虽然我们有不擅长的部分，或自认为有缺点仍旧存在，但这不妨碍我们喜欢自己的其他部分。当我们喜欢自己的部分越来越明确以及越来越稳定，那么自尊也会明显提升，因为喜欢自己的感觉，是一种富有能量且正向的情感。

接着，你可以经常练习接纳自己。无论是什么样的自己，我们都要全然接纳，试着认识及了解，即使还不能了解自己的某些部分，也要允许这部分存在。不要有消灭某些部分的念头，也不要有急着摆脱这些部分的念头。人一着急，心就容易不安稳，心不安稳，就容易焦虑；焦虑出现后，就很难如实地和自己联结，更难拥有内在的安稳。

在接纳自己的练习中，当心里出现负面感受时，试着告诉自己：我可以拥有这些感受，可以觉察这些感受，可以感到难过或愤怒，也可以觉得无力或混乱。

不必总是要求自己的生活井然有序，也不必非要自己表现出优秀、卓越的样子。你设下越多的限制和框架，就会活得越冲突和挣扎。

好好地与自己相处，肯定自己是一个值得被爱、被善待的人。以舒适自在的态度和自己相处。当你接纳自己的部分越多，你的内在就越安稳、平和，而任何风吹草动都无法轻易地干扰你，也不能剥夺你让自己有真实自我存在的权利。

> **Shift Thinking**
>
> 任何时候，都不要改变对自己的爱。

40 让成功发挥好效能，让失败不损伤自己

人生中最重要的，不是一次次的竞争，也不是成功或失败，而是始终不放弃自己，相信自己。

低自尊者容易以结果来判定自我价值，并且忽略过程中的收获。

如果你想充实内心，提升自我价值感，最好的方法之一就是去感受自己的收获。

现在，你要试着移动关注点，不再患得患失，不再因为害怕那些非预期的结果，而否定自己的付出。即使结果不如人意，你在过程中的历练和学习，依旧是不容忽视的。今天的失败，可能带来明天的意外机缘，引领你去往难以想象的世界。

人生中最重要的，不是一次次的竞争，也不是成功或失败，而是在时而成功、时而失败的人生际遇里，始终不放弃自己，相信自己。这样的人，不论成功还是失败，都不会改变自己对目标的追求。

成功不是偶然，失败也不全是你的责任

我并不否认成功对人生的重要性。目标能达成、任务能成功，自

然能带给我们正向肯定。成功的累积，能提升我们对自己的信心，相信自己能做到想做的事，这无疑能提升自尊。但在期望成功到来的同时，也需要懂得应对失败的挫折，不能因为一次的失败，就完全放弃自己、否定自己。

要想达到这样的程度，我们需要发挥一种内在的运作，让成功发挥好效能，让失败不损伤自己。

这样的内在运作，有积极心理学的研究与理论基础佐证。自我幸福感的增加，能帮助我们保持对自己的正向情感，并调节负面情绪。我们可以学习以下引导思路：在成功时，累积正向成就经验；在失败时，维护好自尊，调整不良情绪。

当你获得成功时：

请把成功的因素归于你的自我特质或能力。也就是说，肯定成功的发生有自身优势或长处的功劳。当成功发生时，你应知道这不是偶然发生的幸运之事，而是自身优势或长处发挥了效能。这是别人无法抹杀的，也不是不可掌握的虚幻之物。

当你遭遇失败时：

请把失败部分地归咎于外部的客观原因（非个人），失败是可变的（非永久）、具体的（限于特定情况）原因造成的。也就是说，失败的原因来自：①外因（环境或其他人）；②以后可能不会再次出现的偶然因素；③某些不会影响到自己的特定因素。

上述思路——将成功归于自身能力及优势，将失败部分地归于外在的偶发事件，或是因为不符合达成目标的所需条件——可以让我们在失败发生时，自己不内疚，不视自己为罪魁祸首，不否定自己。而成功时，肯定自己的优势、长处发挥了效能，能够增强自信，并让自己积累成功经验。

让正向经验为自己带来更多的正向反馈，将负面经验归因于客观因素及偶发事件。如此，失败就能成为可以被检视、讨论及理性分析的客观问题，而不是让非理性的焦虑绑架自己，甚至凌驾于理性思维之上，使内在情绪混乱，让自己无法坦然地面对事实。

过去那些让自己产生无力感的惯性思考模式，大多是缺乏理性和冷静的，也缺乏对自我的正向情感的理性思考。依靠积极心理学，我们可以训练自己新的思维模式，以理性、正向的自我支持以及就事论事的态度，平和地面对成功和失败都会出现的这一事实。

当你觉得自己快要被自我挫败灭顶时，只要有那么一次，你选择勇敢地站起来。那么，你就会发现，那看似会淹没你的焦虑和恐惧，不过是一时的。

通过历练，获知自己的优点

给自己力量

研究表明，对自己怀有正向情感，可以减少负面情绪对心脑血管的影响。当人们紧张时，会出现心动过速、高血糖、免疫功能失常等症状。持续性不良情绪，可能会导致病痛、冠心病以及更高的死亡率。

因此，你要发展对自己的正向情感，肯定自己的个性、力量和美德，通过生活的历练，获知自己身上的优点和长处，这些优点和长处包括以下几类：

智慧与知识的美德：创意、好奇、开明、好学。
勇气的美德：英勇、坚毅、诚实、活力。
人道的美德：爱、善良、人际交往能力。
正义的美德：公益、公平、领导能力。
修养的美德：宽恕、怜悯、谦虚、谨慎、自我控制。
心灵超越的美德：审美、优秀、感恩、希望、幽默、灵性。

当你越肯定自己的优点和美德时，你就越能尊重、接纳、包容自己的感受和情感。

即便遇到逆境和挫败，一时灰心和沮丧，也可以通过对自己建立正向情感的练习，拥抱不完美的自己，接纳那些不顺遂的事情。

对自己怀有正向情感，即使人生偶有低潮，也不会因此否定自己追求幸福、成功的资格。幸福和成功，值得人们去努力追求，人们要承受得住人生过程中的各种艰辛和坎坷，对未来永远怀抱希望。

> **Shift Thinking**
>
> 当你觉得自己快要被自我挫败"灭顶"时，只要勇敢地站起来，就会发现那些焦虑和恐惧感，不过是一时的。

结 语

自己安心，也在人际关系里自在

　　在关于自尊和自卑议题的研究中，我们总能发现许多人与他人之间存在着微妙的角力，这种角力存在于各种关系中。不论是什么关系，都可能出现一方因为自尊低或自卑心作祟，背地里道人长短，借此提高自己的心理地位。

　　有些人尤其会对受人尊敬、喜欢的对象，进行挑衅、讥笑、轻蔑，以此显示自己的优越，认为自己比对方好、比对方有地位。

　　自尊稳定的人，会专注于好好做自己，也乐于看见别人做自己。但是，低自尊的人一看见别人过得好就不自在，好像这会突显自己的不堪，为此，他们甚至会破坏他人的名声或无端批评别人。

　　如果经历过他人对你进行的人身攻击（特别是轻蔑和贬抑），或是背地里的指指点点，你可以从中了解到下面两件事：

　　1. 对方是低自尊者，害怕自己比不上你、输给你，于是就散播对你的负面评价，甚至直接对你进行言语上的贬抑和羞辱。

2. 你拥有了对方渴望拥有却拥有不了的才能或某方面的成就。对方不想承认自己没有，也不想看见你有，于是竭尽所能地"拉你下水"。

当发觉有人想要中伤你时，你只需要继续专注地做自己的事即可，至于他人的不安和低落，就让他自己去克服和面对。毕竟，那是他需要自己调适的内在失衡及冲突，与你无关。你也不必因此怪罪自己。靠着讨好等换来的友谊，是不健康的；而通过抬高自己得来的关系也是不健康的。这样的关系，可能会因为一时的各取所需而勉强存在，但日子久了就会分道扬镳。

忽视自尊状态的人，会在无意中让自己的低自尊倾向去摧毁自我和关系，并且自己却可能察觉不到。不关心自尊状态的人，也会把自尊的建立和修复视为无聊的事，然而，它却是一个人能否迈向安稳及幸福的重要根基。

人有安稳的自尊，才能安心地成为自己。而有安心的自己，才能在关系里处于自在状态。

即使短时间内人们不知道自己会成为一个什么样的人，但接受真实的自己，就能安心成长，静待一切发生。我们需要做的，就是好好照顾、关怀自己，给予自己安心成长的机会和空间，不破坏生命成长的每一个契机。

我们每个人，都不是以完美形态来到世上的，相反，我们对世界一无所知。而每一天的成长，都通过我们的身体、内心记录过程中的体验。这些体验又会成为我们的情感和思维的来源，塑造出我们的人格性情，让我们成为独特的自己。

如果你用心体会成长，就能深切地体悟生命存在的不易，也会慨叹任何一个生命的存在都是奇迹。而我们不只是在创造自己的奇迹，也在共同建构世界的奇迹。同时，你的存在，可能会默默地影响某个人、某件事。

你不需要是完美的，才有资格存在。就像是天空飞的一只小鸟，路旁生出的一朵小花，森林里的一棵小树，即使不引人注目，或得不到任何掌声，也不能磨灭它存在的事实。

存在，既不是取代，也不是模仿，而是安心成为自己。你成为真实的你，过好这一生，就是此生最重要的价值和意义。好好地成为你自己，因为这只有你自己做得到。

别再把自己困在竞争和较量的竞技场里，日日焦虑、彷徨，这是自我欺骗的假象。人际关系的质量，不取决于你跟谁在一起，或是你活在什么环境里，而是你与自己的关系。如果不能确切地肯定自我的存在，那么不论身处什么样的环境和关系里，你都会感到卑微、辛酸、孤单和悲伤。

请做好自己的安全堡垒，请相信自己有能力去争取、拥有想要的生活。不要再认为自己不够好，不要再看低自己，不要再让自己挣扎在低自尊中，任凭低自尊损耗你的生命力。

只要你愿意,即使昨天你还是低自尊者,今天你也能成为稳定的高自尊者,迎接生命中的高光时刻,享受踏实安定的生活,在人与人之间的和谐关系中感受幸福。

只要你愿意。